超・進化論

生命40億年　地球のルールに迫る

NHKスペシャル取材班＋緑慎也

講談社

第1章 植物 植物のメッセージが命あふれる地球を作った

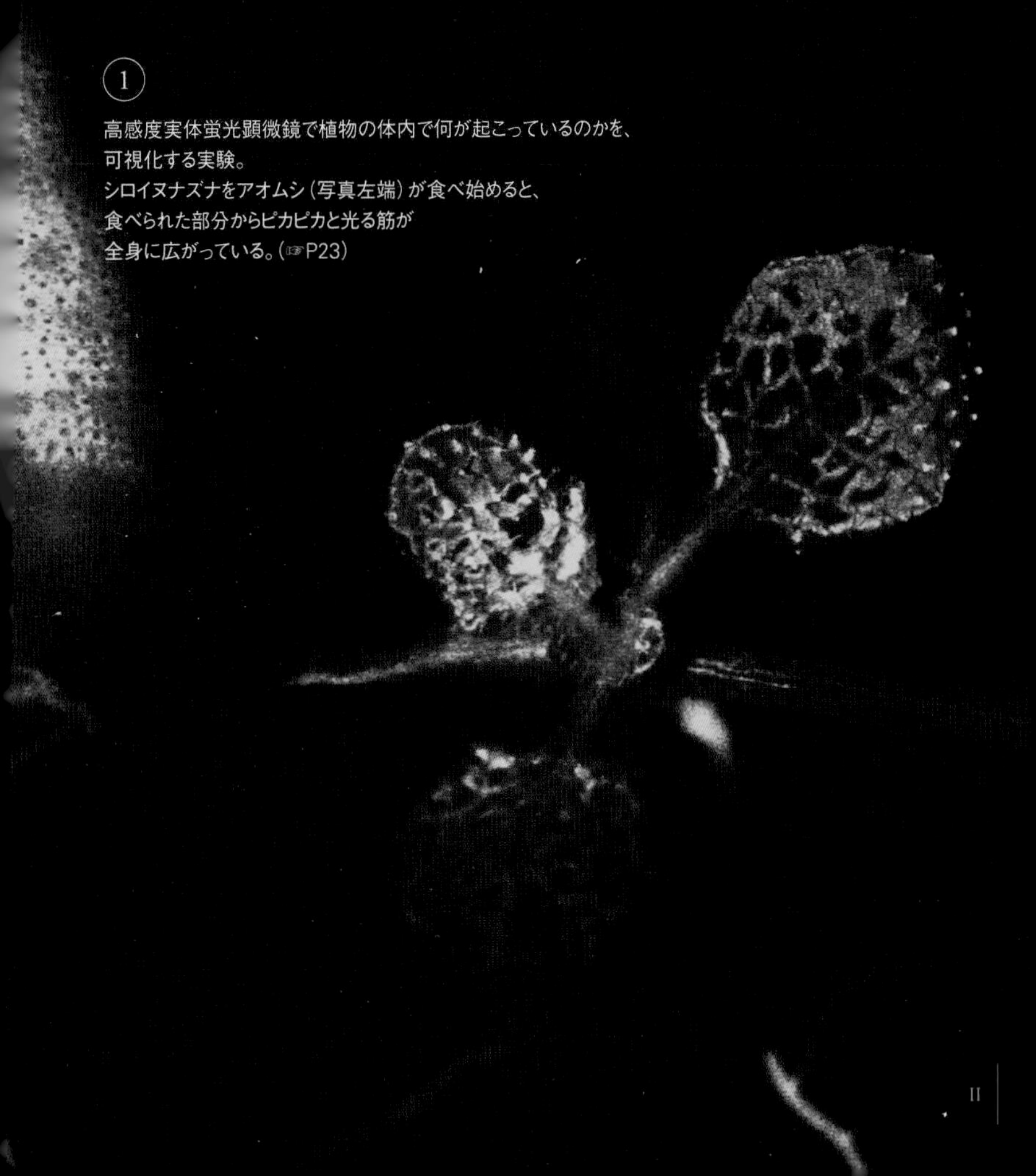

①

高感度実体蛍光顕微鏡で植物の体内で何が起こっているのかを、
可視化する実験。
シロイヌナズナをアオムシ（写真左端）が食べ始めると、
食べられた部分からピカピカと光る筋が
全身に広がっている。（☞P23）

2 上の写真はイモムシが葉をかじっているところ。
下の写真は、かじられたという信号が、
葉脈を通って全身に伝えられていく様子を再現したCG。
植物は信号を全身に伝え、
昆虫にとっての“毒”を作って防御するのだ。(☞P25)

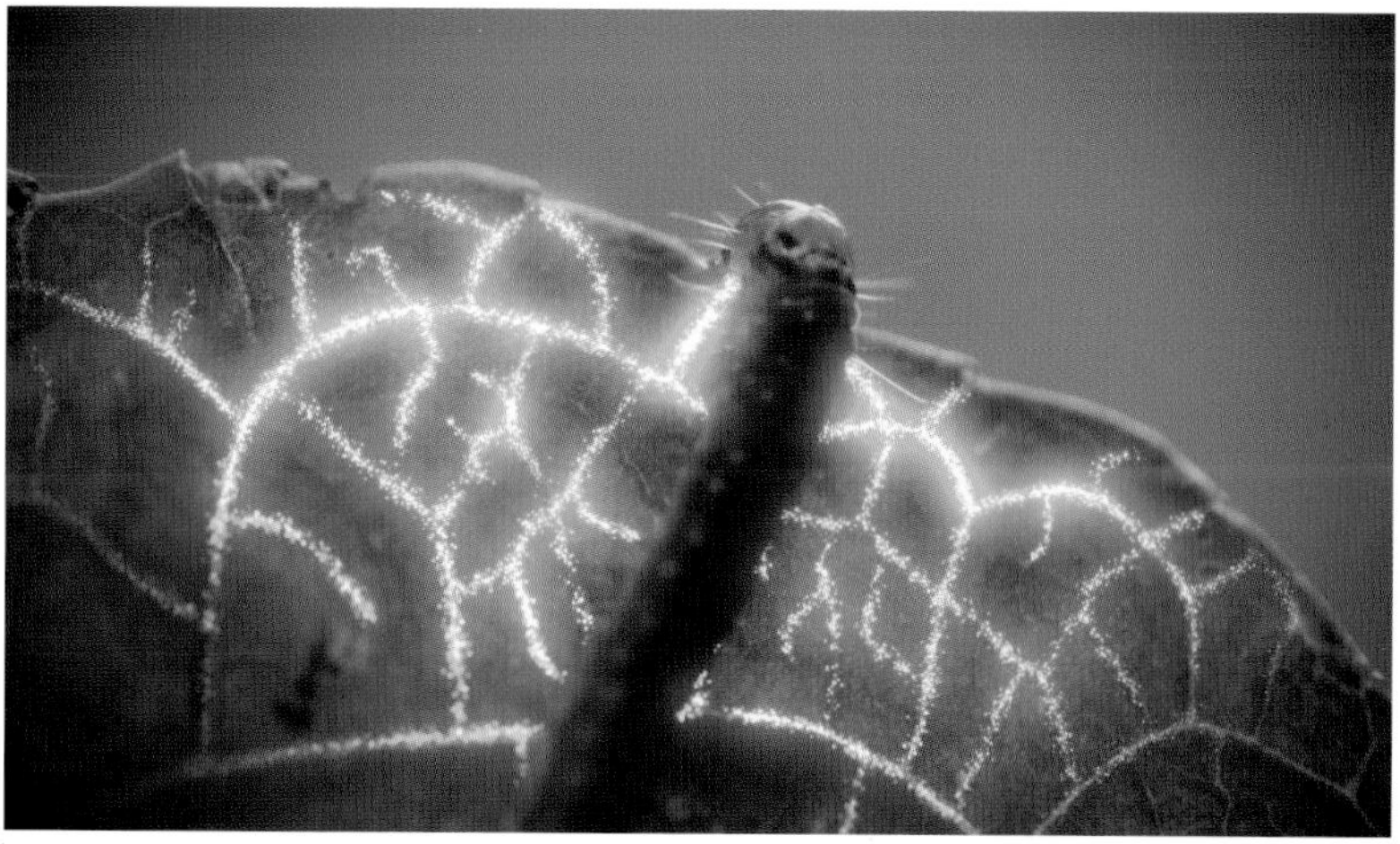

③

植物の"会話"を
可視化する実験。
上段下段のシロイヌナズナは
空気を通す仕切りで隔てて
離れて植えられている。
上のナズナだけ
アオムシに食べさせた。
上のナズナが防御反応で
光り出してまもなく、
食べられていない
下のナズナも
防御反応を始めた。(☞P32)
実験協力 筑波大学
木下奈都子

④ カメノコテントウはヤナギのSOSに応じて飛んでくる。
ヤナギの葉を食べるヤナギルリハムシの幼虫はカメノコテントウの大好物。

ヤナギが化学物質（＝SOSのメッセージ）を発して居場所を知らせたのだ。（☞P35）

⑤ リンゴは葉をハダニに食べられると、
化学物質を使い肉食性のダニを呼び寄せハダニを退治してもらう。
化学物質はイメージCG 。（☞P39） ©Hans Smid

⑥

植物が発する“会話物質”を
可視化したイメージCG。
人間に感じられないだけで、
自然界は、植物たちの
コミュニケーションであふれている。
(☞P39)

⑦

白亜紀の花。
当時の花が出すメッセージに
昆虫が呼び寄せられた様子を
再現したイメージCG。
植物と昆虫の関係の深まりが、
多様性の爆発につながった。
(☞P42)

8

大木がうっそうと茂る森で
太陽光をたっぷり受けられない
小さな幼木が生長できるのは、
地下の植物の根と菌類の
菌糸によるネットワークに
よるのかもしれない。
CGイメージ。(☞P46)

第2章 昆虫 全生物を支えてきた奇跡の能力

⑨

昆虫が飛ぶようになったのは
3億5000万年前頃。
初期の昆虫はトンボ型の
翅を持っていた（CGイメージ）。
飛べることで安全に
食べ物や棲処が
得られるようになり、
種類も数も増やしていく。
（☞P89、P95）

(9) 上段左からウリハムシ、アサギマダラ。下段左からカブトムシ、ミツバチ。
昆虫の9割以上が飛ぶことができる。(☞P89、P92)

(10) 3Dモデルを使った飛翔のシミュレーション結果。ハチが翅をねじる瞬間の空気の流れを可視化した。
翅の上方にできた渦によって揚力が生まれ飛べる。(☞P92、P119) データ提供 千葉大学 中田敏是

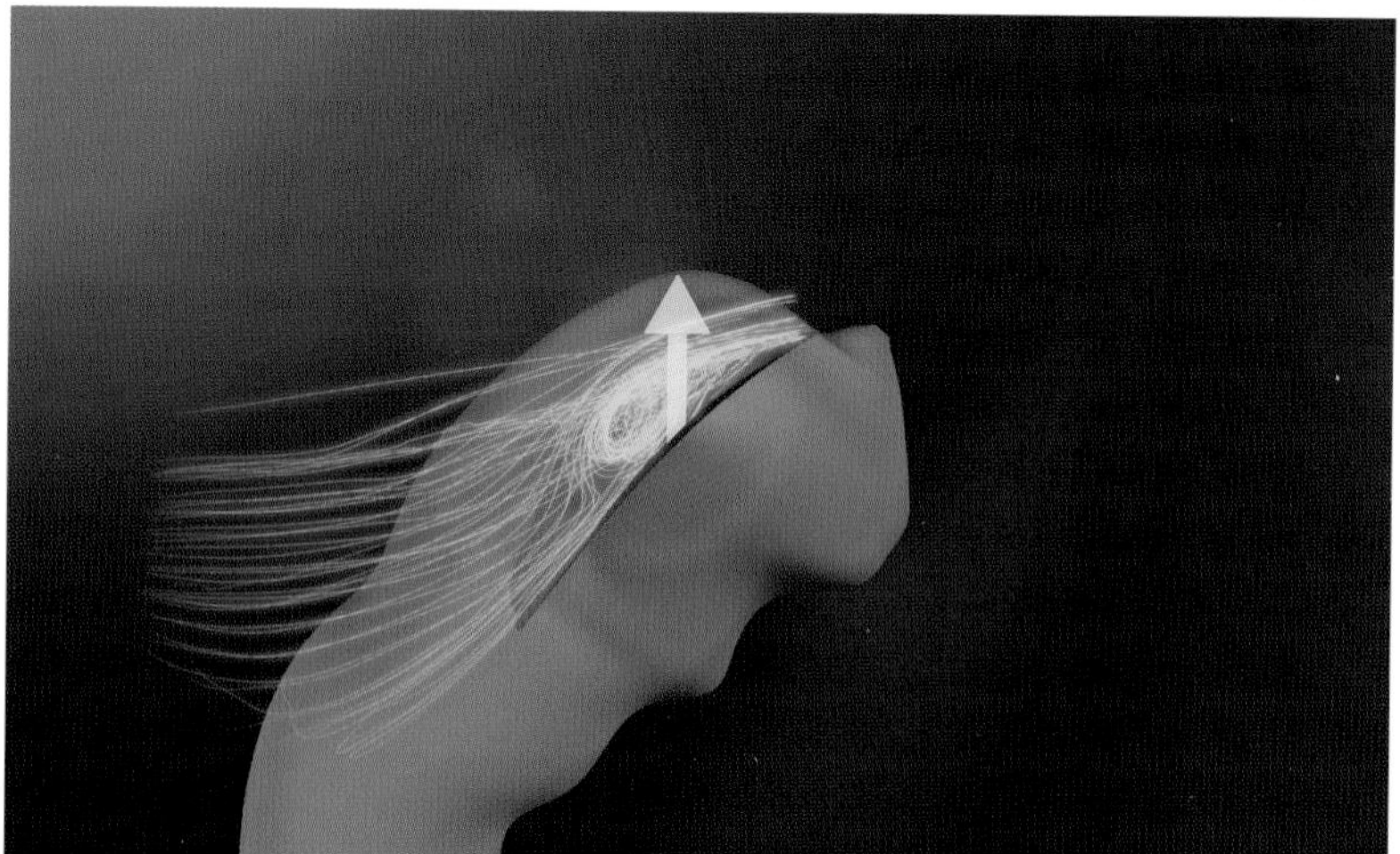

(11) 別の生き物のように姿形を変える「完全変態」の様子（オオムラサキ）。
写真は左から幼虫、サナギ、成虫。（☞P96）

(12) 完全変態するサナギをマイクロCTでスキャンし3Dで再現した画像。
腹側が上向き。奥から時系列で変化しているのがわかる。
ピンク色は腸、オレンジ色ははって移動するための筋肉、黄緑色は脳、黄色は触角、青色は脚、
紫色はストローのような口、赤色は飛ぶための筋肉、水色は翅、細い黄土色の管はマルピーギ管。（☞P98）

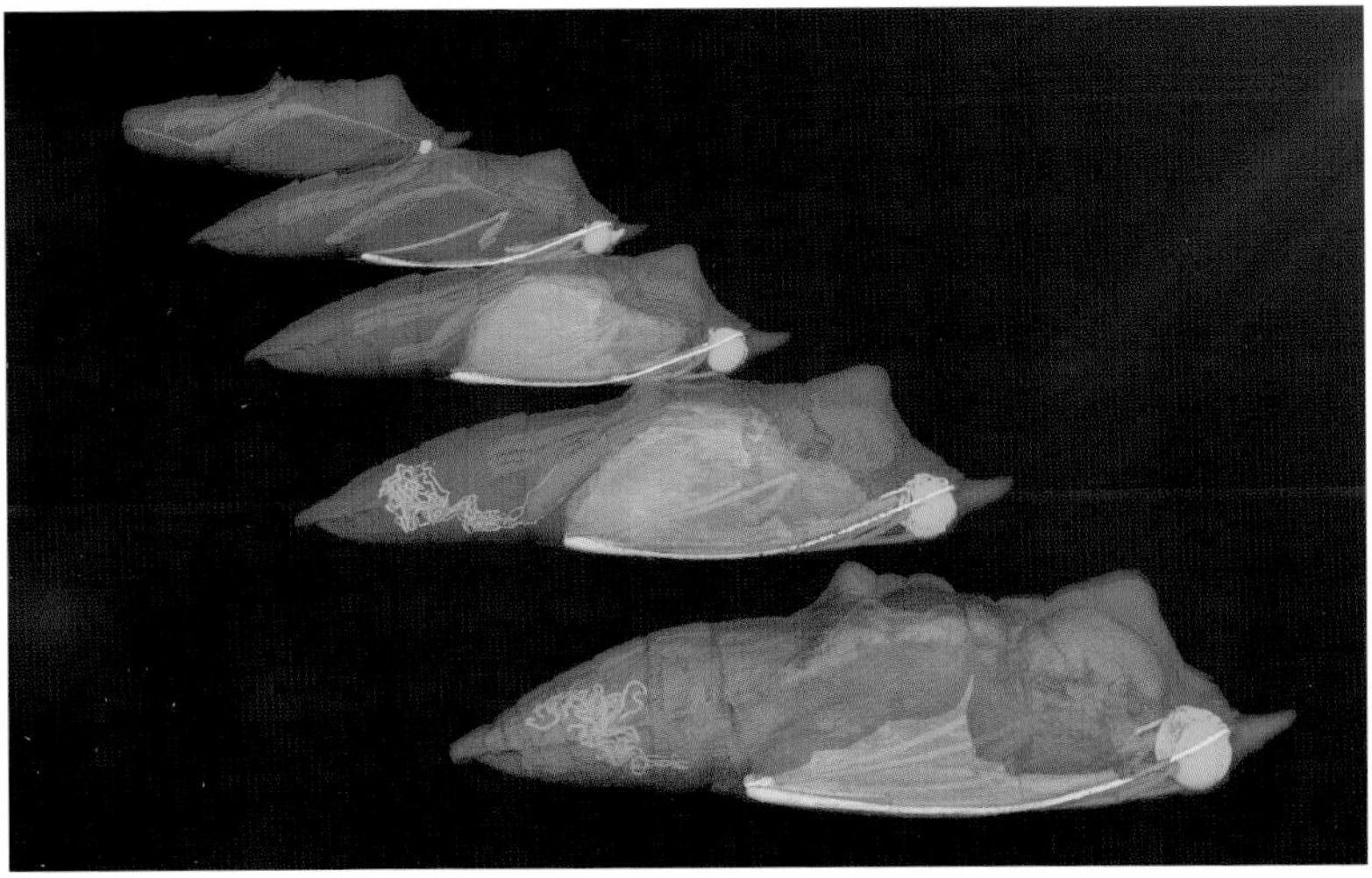

(13) ミツバアリが新たな地で女王として一家を作るため、
アリノタカラ1匹を口にくわえ飛び立つところ。
おたがいがいないと生きていけない関係なのだ。(☞P110、P127)

(14) アリ塚の前に立つ熱帯生態学者のケイト・パールさん。シロアリの自然界での役割を調査し、
熱帯雨林の有機物の半分以上を分解しているだけでなく、
干ばつの影響も抑えていることを明らかにした。(☞P143)

⑮
腸、口、目、皮膚など、
約1000種類100兆の微生物が
人の体で暮らしているのを
表したイメージCG。
ちなみに人体の細胞は
およそ37兆。（☞P146）

第3章 微生物 見えない生物が進化の駆動力だった

16

カビ。増殖すると肉眼でも見え、風呂場や腐った食品などによく見かける。実は細菌よりずっと複雑な生物。

(☞P146)

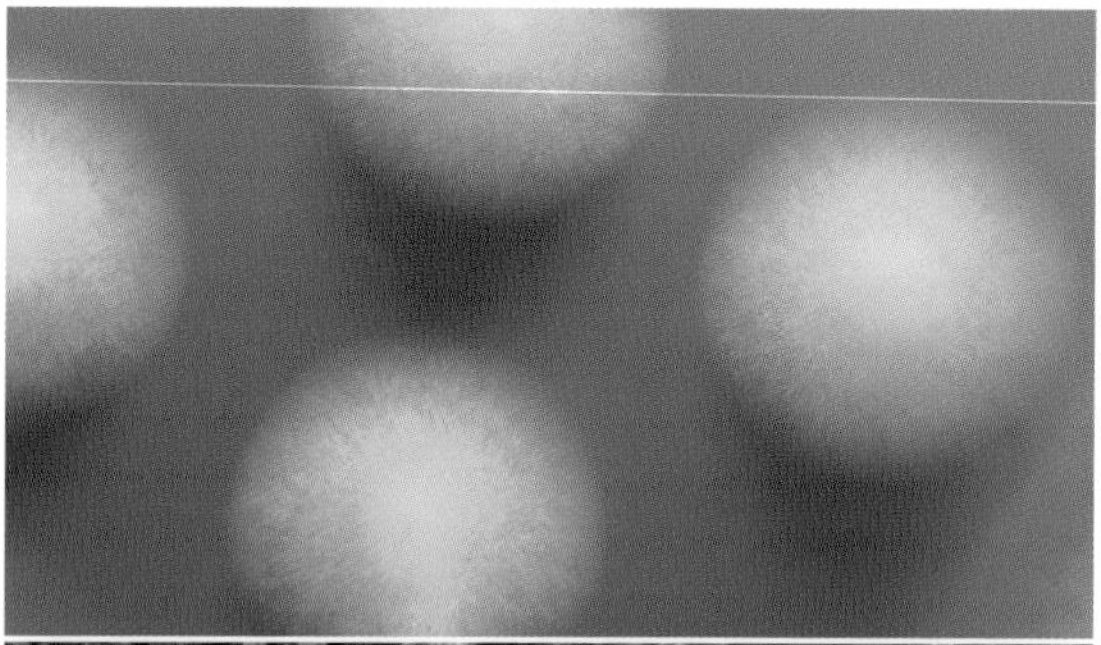

17

口の中で暮らす「口腔細菌」。私たちの口の細胞に載った自然な姿を電子顕微鏡で捉えた貴重な画像。
撮影協力:旭川医科大学・甲賀大輔、日立ハイテク

(☞P146)

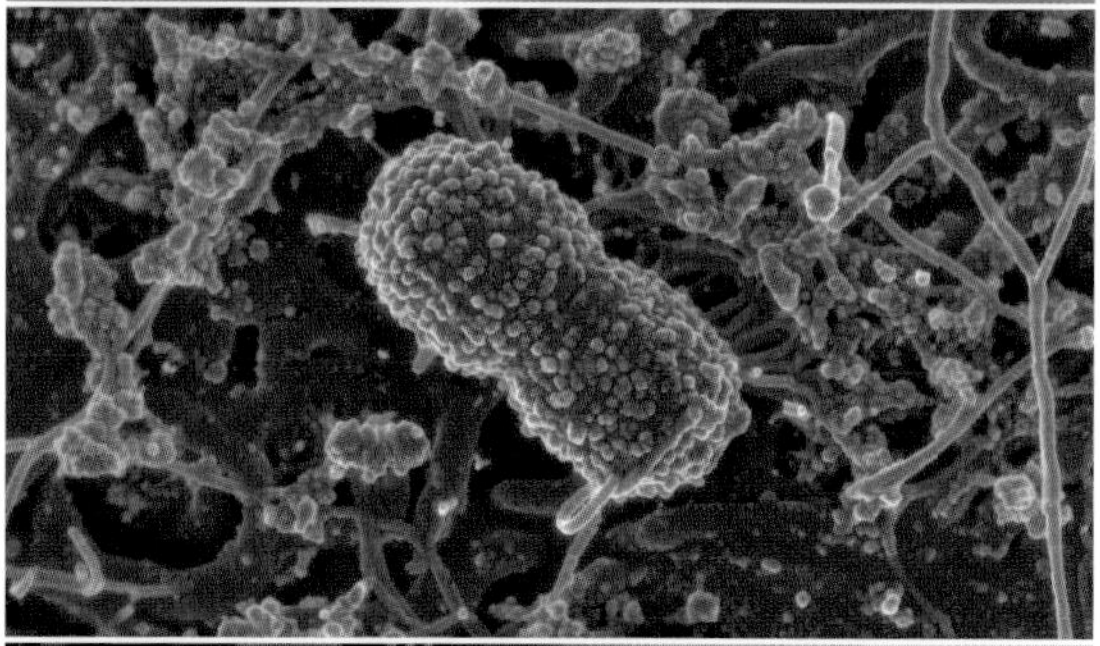

18

細菌によるがん治療の研究に取り組むジョンズ・ホプキンス大学医学部のシビン・ジョウ准教授。

(☞P148)

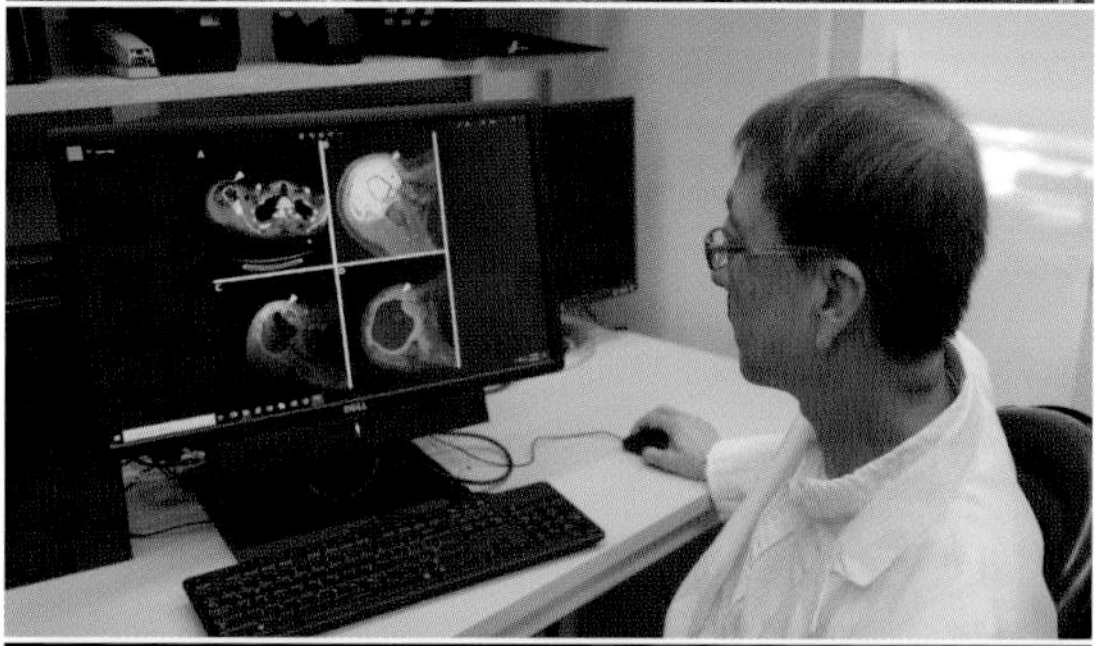

19

脳を操るトキソプラズマに感染したネズミを使った実験。天敵のネコの匂いにも近づく。

(☞P155)

(20) 私たちの祖先となる脊椎動物が陸に上がろうとしているイメージCG。
当初、肺呼吸はできても陸上の植物などを食べて
分解できる腸が備わっていたわけではなかったと考えられる。(☞P163)

(21) 私たちの祖先の脊椎動物の腸が変化し、
腸が分泌するゼリー層に微生物が直接棲みつけるようになった(イメージCG)。
その中に陸の食べ物を分解する能力を持つ微生物が棲みついたのだ。(☞P163)

(22)
アメリカ、イエローストーン国立公園の間欠泉。7色の鮮やかな光を放っている。これらはそれぞれ違う温度で生きる各種の好熱菌が作り出す色素によるものだ。

(☞P168)

(23)
空気中に漂う微生物は数百種類いて、環境に欠かせないものも多い。地球全体の50%もの光合成をしたり、栄養分の循環にかかわっていたりする微生物。地球が微生物に覆われているイメージCG。
(☞P171)

(24) 微生物の集団が作る構造「バイオフィルム」は、排水口のヌメリなど身近に存在する。「生きたまま」観察すると3次元の複雑な構造を持つ上、化学物質でコミュニケーションしているとわかった。(☞P172)

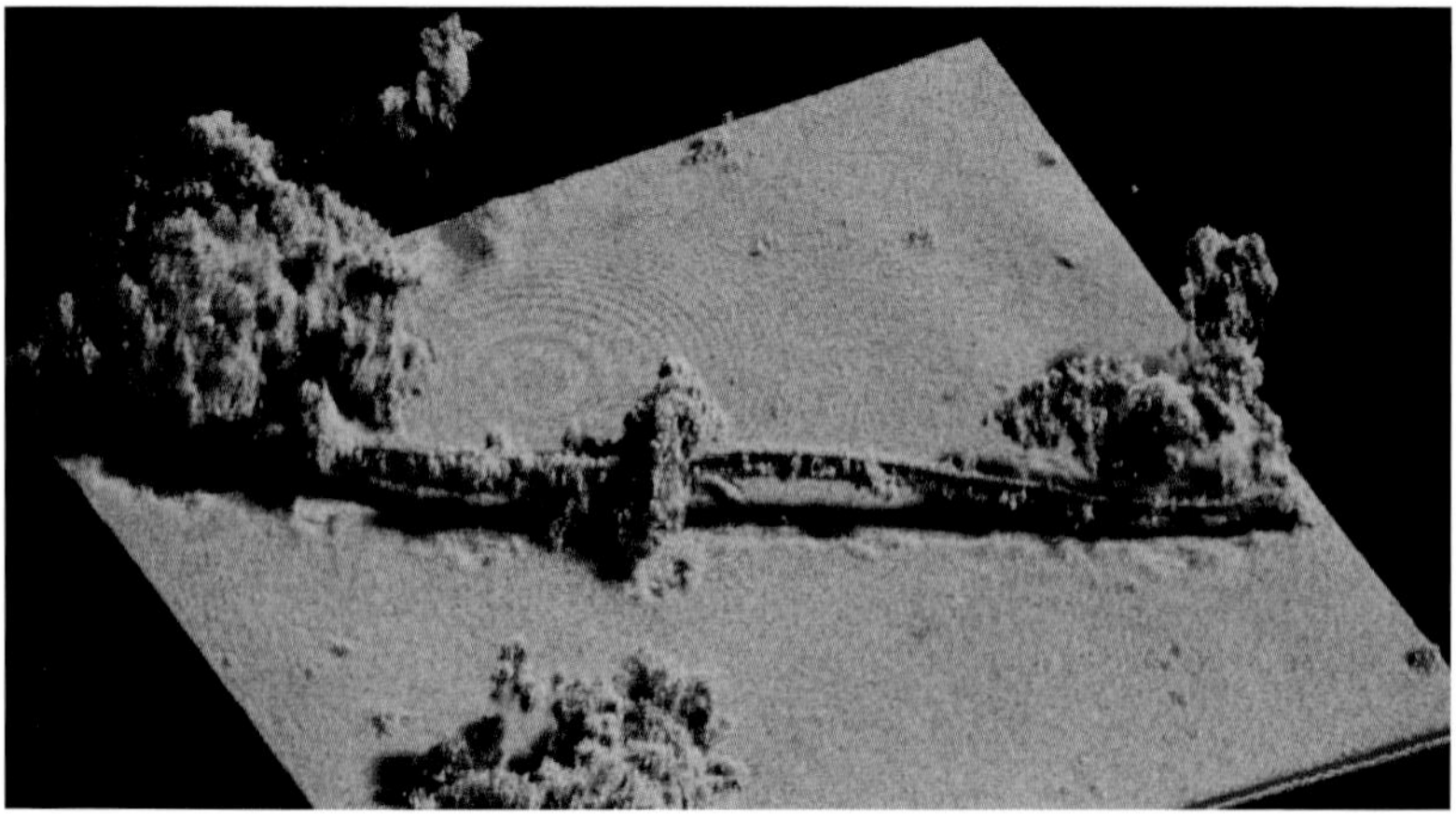

超・進化論　生命40億年　地球のルールに迫る

超・進化論——生命40億年　地球のルールに迫る——目次

第2章 昆虫 ―― 全生物を支えてきた奇跡の能力

第3章 微生物 見えない生物が進化の駆動力だった

＊本書に登場する人物の年齢・肩書などは取材当時のものです。
＊本書はＮＨＫスペシャル シリーズ「超・進化論」全３集
（第１集「植物」、第２集「昆虫」、第３集「微生物」）を書籍化したものです。
加えて、番組に登場する研究者の方々のインタビューを収録いたしました。

プロローグ 「生物の多様性」その本当の尊さとは

NHKスペシャル「超・進化論」ディレクター・制作統括 白川裕之

40億年の進化の奇跡

この地球には、なぜ、かくも多様な生命が共存して暮らしているのだろうか。

私たちは、その生命の多様性の本当の尊さに気づいているだろうか。

わかっているだけで200万種、推定では870万種ともいわれる地球上の多様な生物種は、40億年もの途方もない歳月をかけた生命進化がもたらした奇跡の産物である。

その多様な生き物たちの共存を成り立たせている仕組み、生物の多様性を育む仕組みとは、何なのだろうか。

私は、ある研究成果にインスピレーションを得て、多様な生命の共存を支える〝地球のルール〟と〝生物多様性の本当の姿〟に迫る大型プロジェクトの取材をスタートさせた。

きっかけになったのは、植物が、他の植物や昆虫たちと、まるで〝会話〟をするように、離れた相手にメッセージを送っている、コミュニケーションをとっているという研究だった。
さらに他の生き物たちについても調べていくと、植物だけでなく、昆虫や微生物もまた、たがいにコミュニケーションを取り合いながら生きていることがわかってきた。生き物たちの営みの多くは、人間の目に見えないところでくり広げられているという、当たり前とも思える事実と今一度向き合うことになった。

私たちは、わかったような気になってはいないか。自分の目を通して見ている、この世界を。

目に見えていない世界にこそ、生き物たちの本当の営みがある。ならば、科学の最前線を追うことで、その見えない世界の一端を描き出すことはできないものか。そうすることで、生物多様性の本当の尊さを知ることに近づけるのではないか。そこにこそ、多様な生き物たちの共存を成り立たせている、新しい〝地球のルール〟のようなものが見いだせるのではないか。その志からプロジェクトは始動した。

ダーウィンの進化論——今も現代人のビジョンを支配

自然界の掟についてダーウィンが唱えた、「進化論」。厳しい生存競争の中で、生存に有利な個体が生き残り、子孫を残す。それを長い年月をかけてくり返すことで、生き物は徐々に変化していくという、進化のルール。

このシンプルで説得力のある考え方は、単なる科学理論にとどまらず、人々のあらゆるものの見方に深く影響を与えている。現代を生きる人々の「ビジョン」を規定していると言ってもいい。

しかし、誤解も生みやすい。「詰まるところ、この世は競争が支配している。競争に勝った者だけが生き残っていくのだ」という弱肉強食を肯定する考え方や、「競争に勝った者が負けた者を蹴落として富を手にするのは当然だ」といった社会の「競争原理」にもつながりやすい。まず生物進化の理論を、そのまま人間社会に当てはめようとすることが誤りであるし、ダーウィンは「生存競争」という言葉を、必ずしも個体同士の争いや奪い合いを意味して使っていない。あくまで生存や繁殖において、有利不利が生じる要因としての広い意味だ。

ダーウィンが唱えた本来の「進化論」の基本的な考え方は、今もまったく色あせることはない。生き物の進化の仕組みを矛盾なくシンプルに説明する、偉大な理論として君臨している。

常識が180度くつがえる驚きの研究成果

だからこそ、生き物同士の関係をすべて競争関係かのように捉えるという、偉大な理論の誤った解釈は罪が深い。ダーウィンの時代から160年あまりが経つ今、最先端の科学が生き物同士の複雑なつながりをより深く理解することで見えてきた〝新たな世界〟は、競争だけが支配する世界とはほど遠いのだ。

そして人間の考えた理論で、自然の成り立ちをすべてわかったような気になることにも、注意が必要である。生き物と環境とが相互に作用をおよぼし合うこの複雑な自然界をシンプルな論理で解釈しようとすることで、見落としてきたことが多くあるように思う。矛盾なく説明がつくことと、複雑な自然の仕組みをすべて理解できることのあいだには大きな隔たりがある。単純な理屈だけではとても捉えきれないような、私たちの想像を超えた生き物たちの奥深い世界を、生き物たちへの敬意を込めて私たち取材班は「超・進化論」という言葉で表した。

今、ダーウィンの時代にはなかった遺伝学や分子生物学などの最先端科学と、高度な解析技術やイメージング技術の進歩によって、生き物たちの〝見えざる世界〟が少しずつ解き明かされようとしている。あの時代にはわからなかった、生命の驚くべき営みが次々に明らかになっている。

私たち取材班は、そうして見えてきた新たな世界を、従来のような人間中心の目線から脱却して、〝生き物たちの目線〟で切り取ることに注力した。生き物たちは、この世界を一体どのように捉えて、生きているのか。生き物たちが感じている世界に近づきたいというアプローチだ。

さらに、ダーウィンの時代にはまだ確立されていなかった「生態系」という概念＝多様な生き物同士の複雑な関係性についても、最新のテクノロジーを駆使した生態学の進歩によって、劇的に理解が進んだ。取材を進めると、ワクワクと心が躍るような、そして常識が180度くつがえされるような驚きの研究成果が、次々とわかってきた。

先述したように、植物がまるで〝おしゃべり〟するように、周りの生き物とコミュニケーションをとっているという、おとぎ話のような事実。

森の中で、光や栄養分をめぐって競争をしているとばかり思われてきた植物たちが、地下のネットワークでつながって物質のやりとりをしているという事実。

アリの群れの中には、アリ以外のなんと100種以上ものさまざまな生き物が暮らしているという事実。

そして、目に見えない小さな微生物たちは、植物や動物などあらゆる生物の中に棲み着くことで、宿主の体の一部を代わりに作ったり、栄養の吸収を助けたりと生存を助けているばかりか、相手の〝気分〟や〝性格〟を変えて行動をコントロールしているという、まるでSFのような事実。

わかってきたのは、生き物同士をつなぐ、見えない糸の存在だ。すべての生き物は、別の生き物と相互に影響をおよぼし合いながら、生きている。競争だけではない、弱肉強食だけではない、生き物同士が種を超えて、思いも寄らないつながりを持って、支え合って生きている。そうした種を超えた深いつながりこそが、生き物たちのかけがえのない能力を生み出す進化の原動力であるという新しい世界観が浮かび上がってきている。

この生き物同士を見えない糸でつなぐネットワークシステムは、「進化論」とは別の次元で、多様な生命が共存する生態系の本質的な土台を成していると考えることができる。つまり、「進化論」とは別の次元に、多様な生き物たちの共存を促すような〝まだ見ぬもうひとつのルール〟が存在している可能性があるのだ。

多様な生命を支える仕組みこそ「超・進化論」

「超・進化論」と銘打ったこのプロジェクトは、ダーウィンの進化論に反する生物学の知見や、対立する考え方を提示するものではもちろんない。ダーウィンが明らかにした生物進化の物語のその先に広がる、生物たちの知られざる能力や多様な生命の共存を支える未知なる仕組みを描こうというプロジェクトだ。

このプロジェクトは、植物、昆虫、微生物を主人公に物語を紡いでいる。多くの自然ドキュメンタリーが描く動物たちと比べると、地味な主人公と思われるかもしれない。しかし、彼らの地球上での進化と繁栄の過程、驚きの能力を知るにつれ、彼らこそが地球の主人公と思えるほどに、地球にとって大きな存在であることがわかってくる。少なくとも、人間が主人公であるなどという傲慢な考えは吹っ飛んでしまう。そして、多くの人が抱いているであろう「人間が進化の頂点である」といった思いこみも、見事に打ち砕かれる。

生き物たちの驚異的な能力と、生き物同士の見えざるつながりの解明が少しずつ進む今、私たちはようやく、「生物の多様性」、その本当の意味を理解する手立てを持ち始めているのではないか。そして、〝地球の本当のルール〟を知るための、新たな考え方を手にする緒についているとも言えるのではないか。

地球の環境破壊が叫ばれて久しいが、生物の大量絶滅にいっこうに歯止めをかけることができない人類。生物多様性の本当の尊さに気づき、新たな考え方を手にすることで、未来に向けた地球と人間のありようを照らすような「新たなビジョン」を見つけ出すことにもつながるかもしれない。取材班は、そんな希望すら胸の内に抱きながら、しかしただ丹念に、生き物たちの見えざる世界を映し出すことに心血を注いだ。

地球は、まだまだわからないことだらけの豊かな世界だ。その意味で、生き物たちの驚きに満ちた未知なる世界に迫る、「超・進化論」プロジェクトは、人類がまだ解明しきれていない地球の深遠な仕組みを描こうというチャレンジとも言える。

映像コンテンツを制作する上で、〝見えざる世界〟を描くことは、容易ならざる挑戦だった。しかし、見えない世界にこそ、真実の豊かな世界は広がっている。難題をクリアした先に、今までとは違う新しい景色をお見せできるはずだ。その思いで、取材班は世界中で誰も成し遂げていない高度な撮影にも果敢に挑んだ。

植物同士のコミュニケーションの実証映像、幼虫から成虫へまるで別の生き物のように大変身するサナギの中の透視映像などは、世界で初めて撮影された貴重なものだ。誰も見たことのない新奇の映像と、研究成果に基づいた最先端のストーリーで、生き物たちの見えざる営みを体感してもらえるような番組をめざした。

そして本書では、そんな生き物たちの知られざる新たな世界を、読者のみなさん自身が頭の中にイメージしながら読み進めてもらえるように、映像の想像がふくらませやすい文章構成を心がけた。

分野の最先端を走るトップサイエンティストのみなさんへのインタビューからは、新たな世界の扉を開く研究の臨場感を感じていただけるに違いない。本書を読み終えたとき、読者のみなさんはどんな新しい景色を見ているだろうか。読む前とは、周りの世界がちょっと違って見える、そんな読後感をお約束したい気持ちでいっぱいである。

さあ、驚きに満ちた生き物たちの豊かな世界を体感する、「超・進化論」ワールドへ出発です。植物、昆虫、微生物をとおして科学者たちが対峙する深遠な世界のその先に、今までとは違う視点から地球を見つめ、人類の生き方を考えるための新しいビジョンを見つけ出せるかもしれませんよ。

第1章

植物

植物のメッセージが命あふれる地球を作った

植物がしゃべる！　感じている！　つながっている

陸上の全生物の重さを足し合わせると470ギガトンにのぼる。そのうち、私たち人間が占めるのはわずか0・01％にすぎない。動物をすべて合わせても0・1％。菌類や細菌など微生物を合わせても4・5％にすぎない。それに対して、植物は95％を占める。重さでは、植物こそ地球を支配する陸の王者と言っていい。

なぜ植物は、地球上でそこまで大繁栄できたのか。植物は高度な知性などとはほど遠く、人間よりもずっと下等な存在だと考えられてきた。だが、果たして本当にそうなのか。

私たちは植物が持つ驚異的な能力に注目した。最先端の科学は今、植物が周りの環境の変化を感じとるために、数十ものセンサーを持っていることを明らかにしている。触れられたり、食べられたりしたことを敏感に感知し、〝音を聞く〟ことすらできるという。

植物たちは、離れた別の植物と〝おしゃべり〟をしているというおとぎ話のような事実も明らかになってきた。一体彼らは何を話しているのか？

さらに、多様な植物が暮らす森の地下には、競争だけではない、支え合いの世界が広がっていることもわかってきた。種を超え、弱きを助ける、地下ネットワークとは何なのか？

本章では、植物たちの〝見えざる世界〟に迫っていく。私たち人間が見ている世界とはまったく異なる、植物が生きる「もうひとつの世界」が浮かび上がる。

植物に〝感覚〟があるという事実をついに可視化

野原の草を手で触れても、突ついても、「やめてください」とか「痛いですよ」と言い返してくることはない。公園の木の幹をハグしたり、撫でてみても、木が身をよじらせることもない。踏まれても、たたかれても、たとえちぎられたとしても、植物はお構いなし。動物なら文字どおり動く生き物として、外部から刺激を受けると、逃げたり、攻撃したりといった反応を返すものだが、植物はなされるがままじっと動かない。

しかし実のところ、植物はあなたに触れられたり、突つかれたりしたことをきちんと感じとっているという驚きの事実が、今明らかになってきた。

その直接的な証拠を示したのが、埼玉大学教授の豊田正嗣《とよたまさつぐ》さんだ。豊田さんは最新鋭の機能を搭載した高感度実体蛍光顕微鏡（23ページの写真1。通常の顕微鏡では標本を薄く切ってプレパラートに載せて観察するが、実体蛍光顕微鏡では標本を立体のまま観察できる）を使い、これまでベールに包まれてきた、植物の感覚について可視する研究に取り組んでいた。そして2018年、アメリカの有力科学誌『サイエンス』に発表した論文で、植物が虫に食べられたとき、植物の体内で何が起こっているのかを世界で初めて明らかにした。

その研究成果が発表されたとき、私たち取材班は番組の取材を始めているところだった。論文をひと目見て、多くの人が抱いてきた植物のイメージを覆す画期的な成果であることがわかった。期待に胸をふくらませて、豊田さんの研究室を訪ねた。

出会って、私たちはすっかり意気投合した。人間の目には見えない植物の隠れた機能を可視化しようというアプローチは、番組取材の狙いとぴたりと一致していたからだ。さっそく、葉を人の手で触れたときや葉の上に雨粒が当たったときに、植物はどんな反応をするか、それをいかにして可視化していくかなどについて議論した。

「植物は何も感じていない鈍感な生き物と思われるかもしれませんが、実はまったくそうではなくて、動物と変わらないくらい鋭敏にさまざまなことを感じています。私たちは植物の反応をリアルタイムで可視化して撮影する技術を開発しました」(豊田さん)

私たちは、高精細に撮影できるカメラを持ちこみ、豊田さんの顕微鏡に合体させて、実験の撮影に挑んだ。まずアブラナ科のシロイヌナズナの葉を顕微鏡の台に置き、その上に、アオムシ

写真1　埼玉大学教授の豊田正嗣さん。右側に写っているのは、標本を立体のまま観察できる広視野かつ高感度な実体蛍光顕微鏡。この顕微鏡で、世界で初めて植物に“感覚”があることを可視化した。

（モンシロチョウの幼虫）を乗せる。ナズナが好物のアオムシはさっそく葉っぱをむしゃむしゃと食べ始める。すると、ピカピカと光る筋が、食べられた葉からシロイヌナズナの全身に走り始める様子がモニターに映った。「食べられている！」という情報が全身に伝えられたのだ（Ⅱページの口絵①）。

光ったのは、ＧＦＰ（緑色蛍光タンパク質）。１９６２年に下村脩《おさむ》博士によってオワンクラゲから発見された分子だ。下村博士はこの発見の功績により、ＧＦＰを遺伝子工学に応用したアメリカの研究者とともに２００８年のノーベル化学賞を受賞した。ＧＦＰは今や生命現象の可視化に欠かせないツールとして広く普及している。

豊田さんらがシロイヌナズナの細胞に組みこんだのは、カルシウムイオンと結合するとＧＦＰが光り始めるタンパク質。細胞の中でカルシウムイオンが増えると、ＧＦＰが緑色の蛍光を発する仕掛けだ。

では、なぜシロイヌナズナの細胞の中でカルシウムイオンが増えるのか？　豊田さんらは次のような仕組みを明らかにした。

葉っぱが虫にかじられて傷つくと、その部位でアミノ酸の一種であるグルタミン酸の濃度が上がる。このグルタミン酸が鍵の役割を担い、細胞表面のカルシウムイオンを通す扉が開く。そして細胞の外に豊富にあるカルシウムイオンが細胞の中へ一挙に流れこむ。

カルシウムイオンのシグナルはかじられた葉の周辺にとどまらず、葉から茎を通じて、全身へ伝わっていることが、ピカピカ光る光の筋からわかる。その様はまるでヒトの全身に張りめぐらされた神経のようだ。

「実は動物も、グルタミン酸とカルシウムイオンを神経伝達に使っています」（豊田さん）

ヒトを含む動物では、痛み、触られた感じ、温かい感じなどの感覚は神経を通じて脳へ伝えられる。まさか植物にも脳と神経がある⁉

「植物をいくら切り刻んでも脳も神経も見つかりません。神経ではないとしたらシグナルはどこを通っているのか。私たちの研究から植物が『師管』を使ってシグナルを伝えているということが明らかになりました」

師管とは栄養分の通り道。葉、茎、根を結び、光合成により葉で作られた糖などの養分を運ぶ管だ。ちなみに根から吸い上げた水や栄養分を運ぶ管は道管と呼ばれる。

動物の場合、全身に栄養分を運ぶ通り道は血管だ。師管は栄養分を運ぶので、動物にとっての血管と言える。だが植物の場合は、師管が血管と神経の両方の役割を担っているのだ。

それでは植物は何のために「食べられている！」という情報を全身に伝えるのか？

「その情報を受けとった場所では虫が食べると消化不良を起こさせる物質が作られます。全身で虫に対する防御物質を作って、さらなる攻撃から身を守るのです」

貪欲な虫に葉を1枚、2枚、3枚と次々と食べられてしまってはたまらない。そんな事態を避けるため、植物は1ヵ所でもかじられたら、全身に警報を送って、虫にとっての〝毒〟を作り、次の攻撃に備える（Ⅲページの口絵②）。外敵の攻撃をなされるがままじっと耐え忍んでいるわけではなかったのだ。

「植物は触っても逃げることもないし、泣くこともない。だけど植物は接触や攻撃を感知しています。それを僕らが知らないだけなんです。見えないだけなんです。だけど、見えるようにしてわかったことは、植物は動物に比べて遜色がないほど高い能力を持っているということです」

撫でられると植物は嬉しいのか

植物は鋭敏な感覚を持っている。私たち取材班は豊田さんに提案して、こんな実験を行ってもらった。シロイヌナズナの葉っぱに毎日触れるという実験だ。1日3回、指で優しく触れるだけだが、その影響は著しいものだった。1ヵ月間触れられ続けたシロイヌナズナは、指で触れないこと以外は同じ条件で育てたシロイヌナズナと比べると、全然生長しなかったのだ。（26ページの

写真2　身近に生えているぺんぺん草の仲間シロイヌナズナ。
葉っぱに1日3回、指で優しく触れたシロイヌナズナ（右）と、
触れずに育てたシロイヌナズナ（左）の生長の様子。見た目に大きな違いが出ている。

写真2）。愛情を込めて優しくそっと葉を撫でれば、わが家の観葉植物も、きっとよく育つだろうと考えてきた人には残念な結果かもしれない。

「私たちにも面白い結果でした。植物が触れられた瞬間にどういう反応をするか可視化する実験はしていましたが、定期的に触れて、それを1ヵ月にわたって続けるとどうなるかを確かめたことはなかったからです。草食動物がたくさんいて踏みつけられやすい環境では、植物は食べられにくくするために防御物質を作っておく必要があります。この防御物質を体内に蓄えると生長速度が遅くなるのですが、背丈が低いと目立ちにくく有利ですし、何かの障害物にぶつかる環境でもやはり背丈を低くするのはその植物にとって有利だと考えられます。そういう環境に合わせて少しずつ形を変えていくのだろうと思います」（豊田さん）

豊田さんは、将来、植物と動物を区別する考え方はなくなるかもしれないと考えている。

「植物が動かないといっても、動物の動きとは時間スケールの違いしかないと考えています。ツル性の植物は回旋運動をしながら周囲の枝などに巻きつきますが、カメラで定点観測して、後でそのビデオを早回しで見ると、ツルが何かつかまる場所を探しているようにしか見えません。動物に比べればゆっくりですが、動かないわけではないのです。その意味で、植物と動物に本質的な差はないのではないかと考えています。とはいえ植物は動物ほど素早く動けないのもたしかですから、植物は動物以上に自分をとりまく環境に敏感になっている可能性があります」

私たちは豊田さんとともに、植物の葉に雨が当たったときの様子を再現して、可視化するイメージング実験も行った。植物は雨の一粒一粒をしっかり感知して反応した。雨粒には病原菌が含まれる場合があり、感染に備え、防御を固めるためではないかと考えられている。

動けない植物は、身に迫る環境の変化を、鋭敏に感じとるように進化してきたのだ。

植物は「音」や「唾液」でも相手を認識していた

植物が感じるのは、触れられたり、かじられたりするときだけではない。なんと「音」にも敏感に反応するという。そんな衝撃の研究成果で世界を驚かせたのが、アメリカ・トレド大学教授のハイディ・アペルさんらのチームだ。

アペルさんらは、シロイヌナズナが葉をモンシロチョウの幼虫のアオムシにかじられる音を

「聞いて」、グルコシノレートと呼ばれる物質の分泌量を増やすことを明らかにした。グルコシノレートは辛味成分の一種で、食害に対する防御反応としてこれを分泌したと考えられるという。

「多くの人は音楽が植物にとって重要だと考えています。どんな音楽を聴かせれば野菜や果物がよく育つかを調べるような研究は昔からよくありました。ですが、本当に研究すべきことは、植物の生存にとって大事な音です」（アペルさん）

アペルさんらの研究は、まずアオムシが葉をかじる音を記録するところからスタートした。といっても、アオムシの咀嚼音《そしゃくおん》は小さすぎてもちろん耳では聞こえない。かといってマイクロフォンを葉に設置すると、その重みで葉がたわんでしまい、正確な記録ができない。そこで音響分析を得意とする共同研究者のアメリカ・ミズーリ大学教授のレックス・コクロフトさんが、レーザーを使う巧みな方法を考案した。

葉に光を反射するテープを貼りつけ、そこにレーザーを当てるのだ。アオムシが葉をかじると、1万分の2センチメートル程度だが、葉が上下に振動し、反射光の周波数が変わる。この微妙な振動を咀嚼音として記録する。高速道路や一般道路に点在して自動車のスピードを測定する探知機で利用される原理（ドップラー効果）を利用するのだ。

こうして記録した咀嚼音をシロイヌナズナの葉に「聞かせた」ところ、シロイヌナズナはアオムシに食べられたときにグルコシノレートの分泌量を増やし、防御反応を活発化させていることが、アペルさんの化学分析によってわかった（29ページの写真3）。

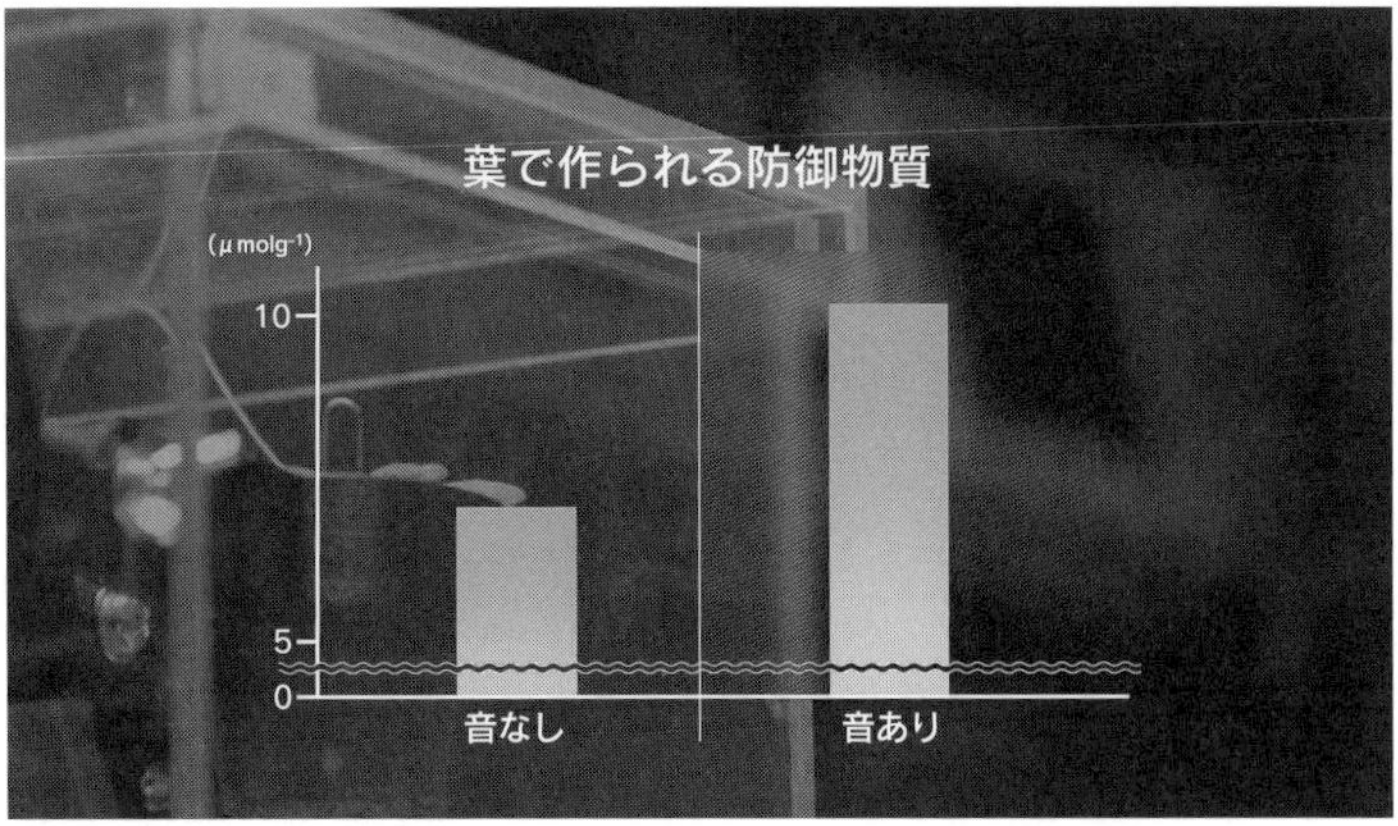

写真3　アオムシ（モンシロチョウの幼虫）が葉をかじる音を記録し、
シロイヌナズナに「聞かせる」と、防御特質を30%も多く作り出すことがわかった。

実験では、咀嚼音以外に、風の音や、ヨコバイ（体長1センチメートルに満たない小さなセミのような昆虫）が求愛するときに奏でる鳴き声も再現した。しかし、特に防御物質の分泌量が増えることはなかった。シロイヌナズナは自身の生存を脅かす音と、害をおよぼさない音を聞き分けていると考えられる。

「植物はなぜ振動（音）の情報を必要としているのでしょうか。葉が昆虫にかじられたとき、植物はその情報を別の信号で全身に伝えることができるのに、なぜ振動を使うのか。その理由はおそらく、他の信号よりも振動が圧倒的に速く伝わるからだと考えています」

さらに最近の研究から、昆虫や動物たちの「唾液」により植物が自分を食べる相手を特定する手がかりを得ていることもわかってきた。相手に応じて攻撃に使う防御物質の種類や量を変えていることが明らかになりつつあるのだ。

「植物は光、音、動きを感知できます。土壌の中で種子がちゃんと上に芽を、下に根を出すことから重力も感知しているのは明らかです。私たち人間は、動けず、見た目も大きく異なる植物を過小評価しがちです。しかし、植物は自分を取りまく環境を極めて鋭敏に感じとっています。彼らの感覚の仕組みを深く調べるほど、これからもたくさんの発見があるでしょう」（アペルさん）

世界中の研究者たちにより今、植物は音以外に、光、温度、重力、化学物質、病原体など20を超える環境要因に対する数十ものセンサーを持っているであろうことが明らかにされている。

大人しく動かない、鈍感な生き物どころか、植物は周りのことをすべてお見通しなのかもしれない。

植物が発する〝会話物質〟

おとぎ話の世界では、擬人化された植物や動物たちが、あいさつを交わしたり、困りごとについて話しこんだりする。そんな場面は現実にはあり得ないと思われるかもしれない。

だが今、最先端の科学は、植物が〝おしゃべり〟をしているという驚きの事実を突き止めている。植物たちは一体どんなおしゃべりをしているのか。

「植食性昆虫に葉をかじられた植物は、いくつかの揮発性（常温で蒸発して気体になりやすい性質を持つ）の化学物質を放出します。この化学物質のブレンドこそ、植物たちの会話物質。『私は今、植食性昆虫に攻撃されている。あなたも攻撃されるかもしれない。早く準備して！』と危険を知らせるメッセージを送っているのです」

そう語るのが、東フィンランド大学環境・生物科学部教授のジェームス・ブランドさんだ。研究フィールドとする北欧フィンランドの森は、ヘラジカや野ウサギなど、多くの生き物たちを育んでいる。そんな森に生育するシラカバはしばしば虫の大発生に襲われる。ブランドさんらが注目したのは、ある不思議な現象だった。

「植物同士がコミュニケーションをとっていることを示唆する現象は、以前からいくつか知られていました。そのひとつは、ある植物がダメージを受ける一方で、なぜかその周囲の植物がそれほどダメージを受けていないという現象です」

一体なぜそんなことが起こるのか。ブランドさんらが虫に食べられたシラカバの葉の周辺の空気を集めて分析したところ、食べられていないシラカバとは明らかに異なるさまざまな化学物質が放出されていた。この特有の化学物質の組み合わせが、植物の発するメッセージであるという（33ページの写真4）。

私たちは筑波大学の木下奈都子さんの協力を得て、植物同士がコミュニケーションをする様子をリアルタイムで可視化することに挑んだ。世界中でまだ誰も成功していない画期的なイメージングへの挑戦だ。

用意したのは、虫に食べられて防御反応を起こすと光るように仕掛けを施した、複数のシロイヌナズナ。空気を通す仕切りでふたつの区画に分け、片方のシロイヌナズナにだけアオムシを一緒に入れた。アオムシは仕切りを越えることができないので、片方のナズナだけが昆虫に食べられるという設計だ。

特殊な蛍光顕微鏡で観察する。アオムシが葉を食べ始めると、それを感じたナズナが防御反応を起こして光り始めた。驚くのは、虫のいないほうのナズナだ。仕切りの反対側のナズナが虫に食べられてからしばらくすると、なんと虫のいないほうのナズナまで光り始めた。本来であれば、植物が虫に食べられたときに起こす防御反応を、虫に触れられてもいない植物が始めたのだ（Ⅳページの口絵③）。

これこそ、植物が〝おしゃべり〟をしている証拠。虫に食べられた植物が、「虫に食べられている！」というメッセージを、周囲の植物に伝えているのだ。植物同士がコミュニケーションをしている様子を世界で初めて鮮明に撮影することに成功した瞬間である。

「メッセージを受けとった植物は、ある遺伝子の発現量を増やして、虫に対する防御に関連する化学物質を増やします。植物が周囲の他の植物とコミュニケーションをとっているのは間違いないでしょう」（ブランドさん）

「虫に食べられている！」というメッセージを受けとった植物は、虫に対する防御の準備を始めることで、虫に食べられにくくしているのだ。さらに驚くことに、このメッセージは周りに一緒

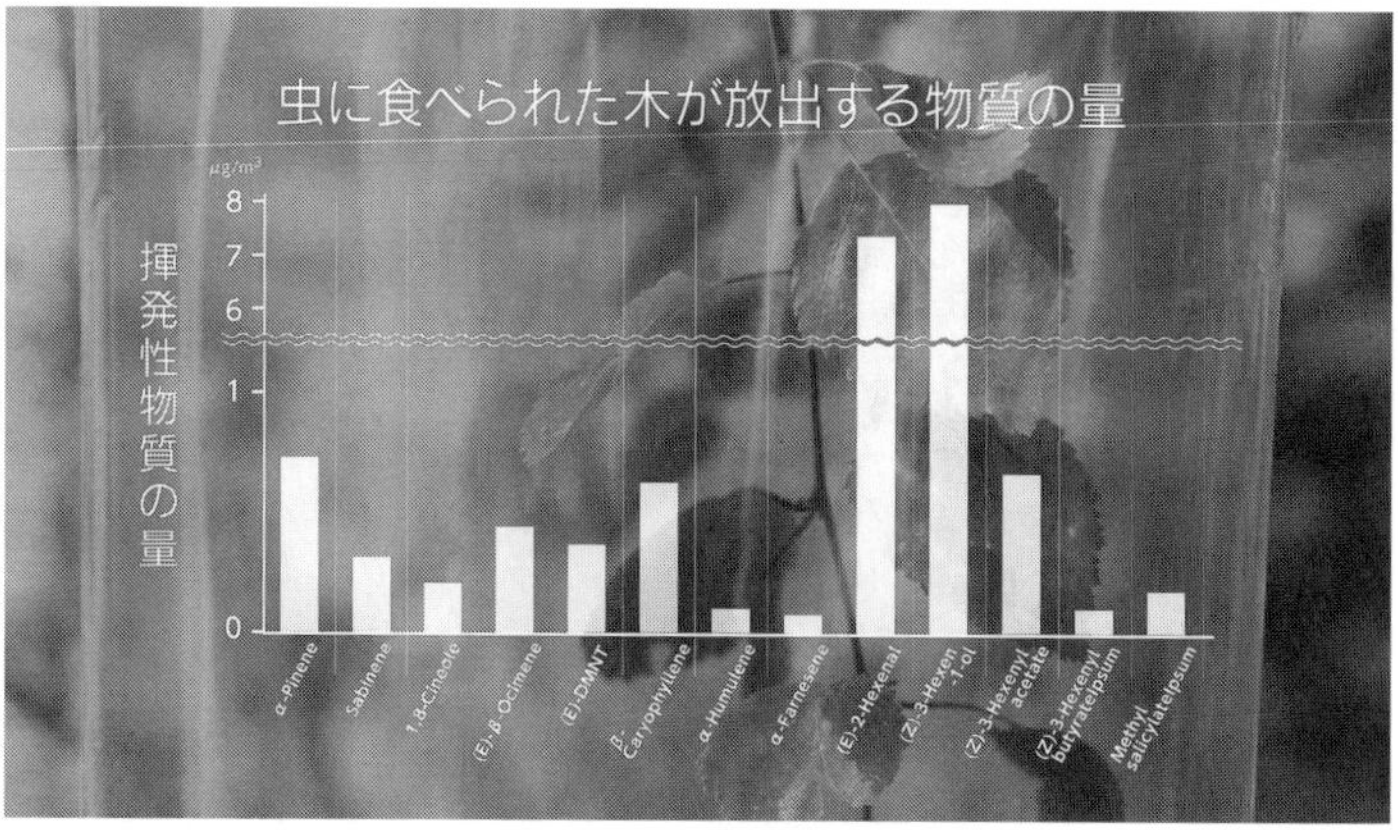

写真4　植食性昆虫に食べられたシラカバが放出した化学物質。
この物質の特有の組み合わせが、「食べられている!」という植物の発するメッセージになっている。

によく生えている別の種の植物たちにも、防御反応を引き起こしている可能性があるという。植物の会話は種を超えて交わされているのだ。

「ある植物は、他の植物よりも草食動物を強く引きつけ、それゆえにいち早く警報を発し始める可能性があります。それはもしかすると『炭鉱のカナリア』のような役割を果たしているのかもしれません」

　カナリアは無臭のガスにも敏感に反応すると言われる。炭鉱のカナリアとは、炭鉱で発生する一酸化炭素やメタンガスなどの有毒ガスを検知するため、昔の炭鉱夫がカナリアをカゴに入れて炭鉱に連れて行った歴史にちなむ慣用句だ。植物は、ヒトも顔負けの早期警報システムを持っているのかもしれない。

「植物がメッセージを発するのは、虫にかじられたときだけではありません。温度、湿度、塩分濃度などの変化にも反応して、揮発性化学物質を放出します。周囲の植物はそれを手がかりに、適切な対応をとること

ができるのです」（ブランドさん）

植物の発する言葉には、他にもさまざまな種類があることが明らかになりつつある。たとえば森で山火事が発生すると、燃えた木から立ち上がる煙に、植物のある会話物質が含まれることが確かめられている。その会話物質の名前は「カリキン」。森の一帯がカリキンを含む煙にさらされると、地中で眠っていた特定の草木の種が一斉に発芽するという。実は、これらの植物の中には、いくら光などの条件が整ってもそれだけではほとんど発芽せず、カリキンがあって初めて発芽が促進される植物もあるという。燃えた木々が発するカリキンは、「今こそ芽吹け！」というメッセージだったのだ。

「科学は今、植物たちの言葉を理解し始めたばかりです。私たちは植物たちが周囲の環境の変化にどう対応し、どんな化学物質を放出するのかを解明しつつありますが、学ぶべきことはまだまだたくさんあります」

植物が呼び寄せたのはボディガードの昆虫

植物は、敵である植食性昆虫を捕食する天敵昆虫とコミュニケーションをとって自分の身を守っていることもわかっている。

植物と天敵昆虫はどんなやりとりをするのか。その謎を解くために私たち取材班は、日本最大

写真5　カメノコテントウが、ヤナギの葉を食べていたヤナギルリハムシの幼虫に食いついている。なぜ好物を見つけられるのか。そこには意外なコミュニケーションが存在していた。

の湖、琵琶湖を訪れた。春、湖のほとりは木々や草花で覆われる。特に生い茂っていたのがさまざまな種類のヤナギだ。

そのヤナギの葉をヤナギルリハムシがむしゃむしゃと食べていた。「ハムシ（Leaf Beetle）」の名のとおり、ヤナギルリハムシはヤナギの葉が大好物だ。成虫だけでなく幼虫も旺盛に葉を食べる。

ヤナギルリハムシが食害しているヤナギの木へと降り立った日本最大級のテントウムシの一種、カメノコテントウは（Vページの口絵④）、ヤナギルリハムシの幼虫を発見すると、がぶりと噛みついた（上の写真5）。この幼虫は、カメノコテントウの大好物。逆に言えば、ヤナギルリハムシの幼虫にとってカメノコテントウは天敵だ。

カメノコテントウは多いときで1日に100匹以上のヤナギルリハムシの幼虫を見つけ出し、食べてしまう。この肉食性昆虫が植食性昆虫を襲って食べるという、よくある関係。しかし、一度立ち止まってほしい。そこには不思議な謎が潜んでいる。
実はテントウムシもそうなのだが、複眼を持つ昆虫の視力はかなり悪いとされている。視力は、せいぜい0・01ほど（分解能をもとにした推定値）と考えられる。数メートル先の物体を判別するのも難しいはずだ。では、テントウムシは体長わずか数ミリメートル程度の小さなヤナギルリハムシの幼虫を一体どのように見つけ出したのか？

その謎を解き明かしたのが、京都大学名誉教授の高林純示さんと近畿大学農学部講師の米谷衣代さんだ。
「われわれ人間にとっても、草木をかき分け、特定の種類の小さな虫を見つけるのは至難の業です。広い砂浜に落とした1個の真珠を探すくらいの難しさと言えるでしょうか。それなのに肉食性の昆虫、つまり昆虫を食べる昆虫は、隠れるようにして葉っぱを食べる植食性の昆虫をうまい具合に見つけ出している。どうしてそんなことが可能なのかというのが長いあいだの謎だったのです」（高林さん）
高林さんは1988年から90年までのオランダ留学中、リママメ、ナミハダニ、チリカブリダニを対象に研究した。リママメはマメ科の植物で、その葉をナミハダニが旺盛に食べる一方、そのナミハダニをチリカブリダニが好んで食べる。リママメを食べるナミハダニをチリカブリダニが食べるわけだ。高林さんが取り組んだのは、この関係の中で、どのようにチリカブリダニがナ

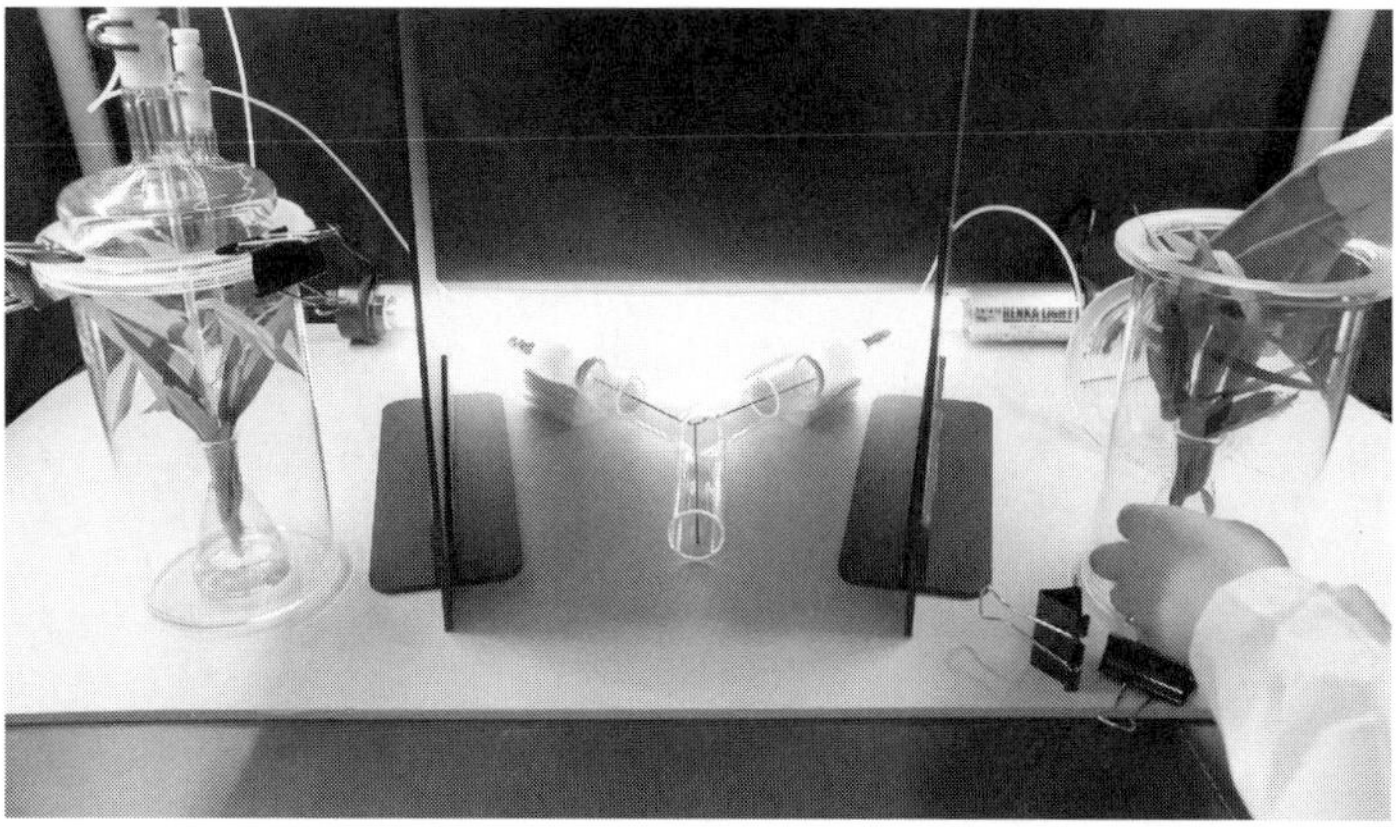

写真6　ヤナギが出すSOSのメッセージ物質が、カメノコテントウを呼び寄せているのかを実証する実験。ヤナギルリハムシの幼虫に食べられつつあるヤナギの葉（右）と、幼虫のいない葉（左）、手前の口から入れたカメノコテントウがどちらに進むのかで明らかになる。

ミハダニを見つけているのかという問題だ。高林さんらは巧みな実験により、ナミハダニに食べられたリママメ葉が揮発性の化学物質を放出し、チリカブリダニがその匂いに引き寄せられることを突き止めた。

私たち取材班は今回、髙林さんと米谷さんの協力を得て、ヤナギ、ヤナギルリハムシ、カメノコテントウを用いて実験を行った。

使ったのは、Y字型の特殊なガラス管（上の写真6）。二股に分かれた先の片方にヤナギルリハムシの幼虫に食べられたヤナギの葉（被害葉）、もう片方には食害のないヤナギの葉（健全葉）を用意する。Y字型管の残る1つの口からカメノコテントウを入れると、果たしてカメノコテントウはどちらに進むのか。カメノコテントウが目でヤナギルリハムシを確認できないように、両方のヤナギの葉の手前についたてを置く。ガラス管に送風装置を取りつけ、Y

字の二股のそれぞれから送られてくる空気の中に、カメノコテントウが獲物の手がかりを得る仕組みだ。

二股に差しかかる前の地点からスタートしたカメノコテントウが、被害葉、健全葉のどちらを選ぶかくり返し実験したところ、明らかに被害葉のほうに向かって進んだ。髙林さんたちが論文で発表した結果は26対10。カメノコテントウは圧倒的に幼虫に食べられた葉を選ぶことがわかった。同じ実験を、幼虫ではなく成虫に食べられた葉でも行った。結果は19対18（論文発表データ）、成虫に食べられた葉には、引き寄せられることはなかった。つまり、カメノコテントウは自分の獲物である幼虫が食べたヤナギの葉にだけ引き寄せられていたのだった。

「ヤナギが『今、ヤナギルリハムシの幼虫に食べられているよ。早く助けに来て！』というようなSOSのメッセージを発したと考えることができます」（髙林さん）

SOSのメッセージとは具体的には何なのか。

「傷ついた葉っぱから出るのは、いわゆる緑の香りや、揮発性のテルペノイドといった化学物質です。これらの物質のブレンドの比率の違いにより、ヤナギはヤナギルリハムシの成虫に食べられているのか、それとも幼虫に食べられているのかを認識して、異なるブレンドの匂いを発します。カメノコテントウが好むのは幼虫の食害で出るブレンドです」

なんとヤナギは同じ昆虫の成虫か幼虫かも区別するという。

「われわれ人間は、主に音声を組み合わせて言葉を作り、情報を他の人に伝えますが、植物は、化学物質を組み合わせることによって、あるいはその比率を変えることで情報を作り出していると考えることもできます」

植物が発する言葉、そして情報。この地球には、私たちがこれまでまったく知らなかった植物と植物、あるいは植物と昆虫のコミュニケーションの世界が存在している。植物が、自分を食べる虫の天敵を「ボディガード」として呼び寄せる例は、100を超え、今でも増え続けている（Ⅴページの口絵⑤）。微量成分を検出する技術や遺伝子解析技術の進歩によって、こうしたコミュニケーションの中身が明らかになり始めているのだ。

「植物は動けません。しかし、さまざまな生き物に働きかける点では、とてもアクティブです。おしゃべりな生き物なのです。私たちが彼らの放つ匂い物質を目で見ることができれば、きっと森はもっとカラフルなはずです」（Ⅵページの口絵⑥）

世界は、私たちには感じることのできない植物たちのコミュニケーションであふれている。人間は自分が見ている世界がすべてだと思いがちだが、それは大間違い。私たちの知らない世界が、この地球には無限に広がっている。その豊かな世界の一端を、科学の進歩と科学者の情熱によって垣間見ることができるというのは、今の時代に生きる大きな喜びである。

花からのメッセージによって生物多様性の爆発が始まった

約4億5000万年前、水際から陸へ進出を果たしたのが植物だ。それまで陸地は、砂と石がどこまでも広がる不毛の大地だった。

化石から、陸に上がった初期の植物は枝のような単純な形をしていたと考えられている。しかしやがて根、葉、茎の区別を持つ複雑な構造の植物が現れた。根から茎を通じて体内に水を溜めておきやすくなったおかげで、植物は水際から乾燥地へと生活の場を広げた。コケ植物、シダ植物、裸子植物などさまざまな植物が大地を緑に染め、陸地の大部分を支配していった。

しかし、それでも1億5000万年くらい前は、地球上の生物の多様性は今と比べるとかなり低かったと推定されている。当時、陸上生物の総数は現在の10分の1程度だったとも考えられている。種数が急激に増え、多様性が高まるのは、恐竜時代の後期・白亜紀からだ。

何が生物種の劇的な増加をもたらしたのか。中央大学理工学部生命科学科教授の西田治文さんらはそのヒントとなる恐竜時代の化石を発見している。西田さんは、見つかったばかりの大変貴重な化石を見せてくれた。それは、わずか数ミリメートルの小さな花の化石だった。

「花の誕生こそ、地球の生命史の大転換です」（西田さん）

花は、恐竜の時代に初めて地球上に誕生した（花すなわち被子植物の出現時期については諸説あるが、化石をもとにした推定では、白亜紀の初期と考えられている）。なぜ、花の誕生が、生物の多様性の急激

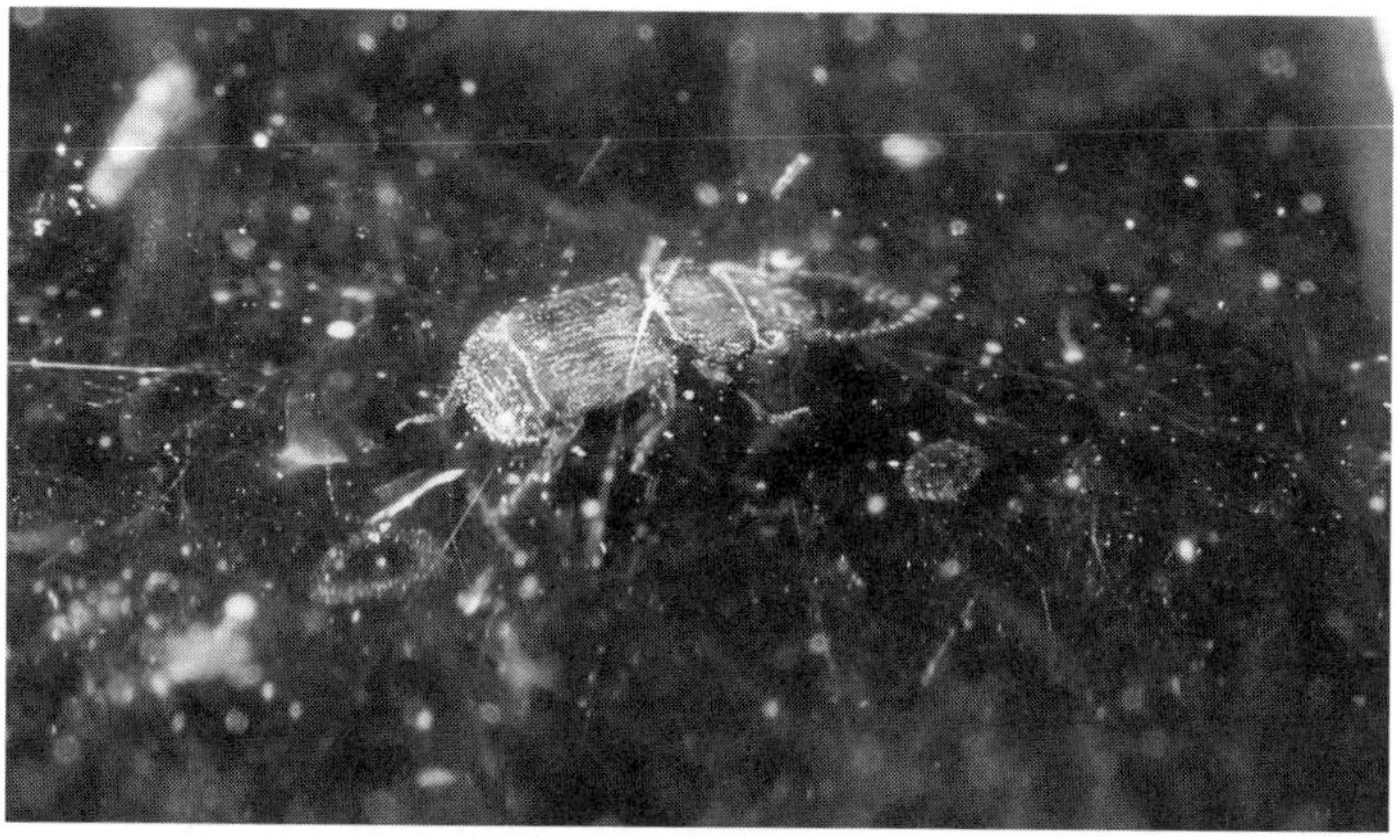

写真7　白亜紀の琥珀化石から見つかった甲虫の化石。
甲虫の体には、この時代に生まれた花の花粉がたくさんついていた。
左上側の円筒形の糞にも花粉がたくさん混じっていた。

な増加と関係があるのか。

それを教えてくれる貴重な証拠のひとつが、最近ミャンマーで発見された。同じく白亜紀、約9800万年前の琥珀化石だ。私たちは、発見した中国科学院南京地質古生物研究所の蔡晨陽《サイシンヨウ》さんに、その琥珀化石を見せてもらった。恐竜時代の琥珀に閉じこめられていたのは、甲虫。その糞の中をレーザー顕微鏡で見ると、ぎっしりと花粉がつまっていることがわかった。当時の昆虫が、花の花粉を好んで食べていたことを示している。そして、虫の体にも花粉がたっぷりついていた（上の写真7）。

花は、いつしか「花粉はここにあるよ」といったようなメッセージを発し、虫を呼び寄せることができるようになったと考えられている。虫が花粉を食べに花にやってくる一方で、植物は虫のおかげで離れた場所にいる別の仲間に花粉を運んでもらえる。植物は虫とのこの画期的な関係性によって、効率よく確実に子孫を残すことができるようになったのだ。

「それまでの植物は、虫に食べられるだけの受け身の存在でした。ところが花ができたことで、虫を花粉の運び手として積極的に利用することが可能になった。害をおよぼす虫を逆に利用するという大転換がそこにあったわけです。とはいえ被子植物が虫の餌であることに違いはありません。だから被子植物は虫を引き寄せながらも、追っ払うための化学物質を作る機能も進化させていきます。虫は虫で、その防御を切り抜ける機能を進化させるのです」(西田さん)

これをきっかけに、生き物たちの進化が一気に加速する。虫が好むような甘い蜜を出すようになる植物や、虫にとってより目立つような華やかな色の花をつける植物が生まれる。虫は花の蜜にたどり着きやすいような形に進化したり、小さな花に確実にたどり着くためにより高度な飛翔能力を進化させる。一方が進化すると、もう一方も進化する。花を持つ被子植物と虫との相互作用による「共進化」が、多様性を高める大きな要因となったのだ。

さらに多様性を高めるもうひとつの要因がある。それは、被子植物が子孫を作るスピードだ。

「裸子植物の場合、受粉から受精まで1年近くかかります。ところが被子植物では、その時間がわずか数時間から数日に短縮しているのです。世代交代が速ければ、その分、進化のスピードも上がります」

花と昆虫の関係の深まり(Ⅵページの口絵⑦)と受粉から受精までの時間の短縮により、多様性の爆発が始まったのだ。

その後、花や草木に集まる昆虫を食べる哺乳類が多様化。花からできる栄養豊富な果実は、私たちの祖先、霊長類の進化を加速させる一因にもなった。花からのメッセージをきっかけに、生き物たちは多様性を広げ、この命豊かな地球が作られたのだ。

地下に広がる知られざるネットワーク

植物が他の生き物と数億年をかけて築き上げた、驚くべきもうひとつの世界が、地下に広がっている。実は、植物の8割以上が、地下で菌とつながって暮らしている。

菌とはキノコを作り出す地下の微生物。よく知られているのは、植物の根と菌類の菌糸が絡み合って、おたがいに栄養をやりとりする「菌根《きんこん》」と呼ばれる関係だ（45ページの写真8）。多くの植物は、水分、窒素やリンなどの栄養分を菌から受け取る一方、菌は植物が光合成により作り出す糖などの養分を受け取る。こうした関係は、植物が陸に進出を果たしたときから始まっている。植物は、この菌との共生関係のおかげで上陸に成功し、その後も植物が土から栄養分を得て生きる上で欠かせない関係になっている。

カナダ・アルバータ大学助教のジャスティン・カーストさんは、この植物と菌との共生が作り出すさらに興味深い世界を教えてくれた。1本の木が菌とつながるだけでなく、菌糸を介して森の木々同士がつながっているというのだ。

「私たちは今、森の地下で何が起こっているのかを理解し始めています。植物の根とつながる菌である菌根菌の大部分は地下にあります。そのため私たちは彼らの働きを見過ごしがちですが、足元では菌根菌が木々とネットワークを作っているのです」（カーストさん）

カーストさんらは、菌根菌とのつながりが密である木々のほうが、あまりつながりのない木々よりも活発に生長することを明らかにしている。多くの木々とつながる菌糸のネットワークは、より多くの糖の供給源を持ち、そのネットワークにつながる木は、土壌中の水分や栄養分をより効果的に得ることができる傾向があると考えられている。

「これまで私たちは、森の木々はおたがいに競争し合っているのだと考えてきました。競争が生き物にとって重要な要素であるのは間違いありませんが、同じように協調も重要な要素です。植物は孤独な存在ではないのです」（カーストさん）

地下に広がる、植物たちをつなぐ巨大なネットワーク。ワイツマン科学研究所（イスラエル）のタミル・クラインさんは2016年に『サイエンス』誌に発表した論文で、地下のネットワークによる驚きの働きを明らかにした。クラインさんによると、それはいわば植物が他者を助ける利他的行為のようだという。

実験はスイスの広大な温帯林で行われた。木々が光合成で作った養分の流れに注目するため、特殊な二酸化炭素を使って調べた。自然界に存在する通常の炭素^{12}Cの代わりに、^{12}Cより重い炭素^{13}Cを持つ二酸化炭素だ。

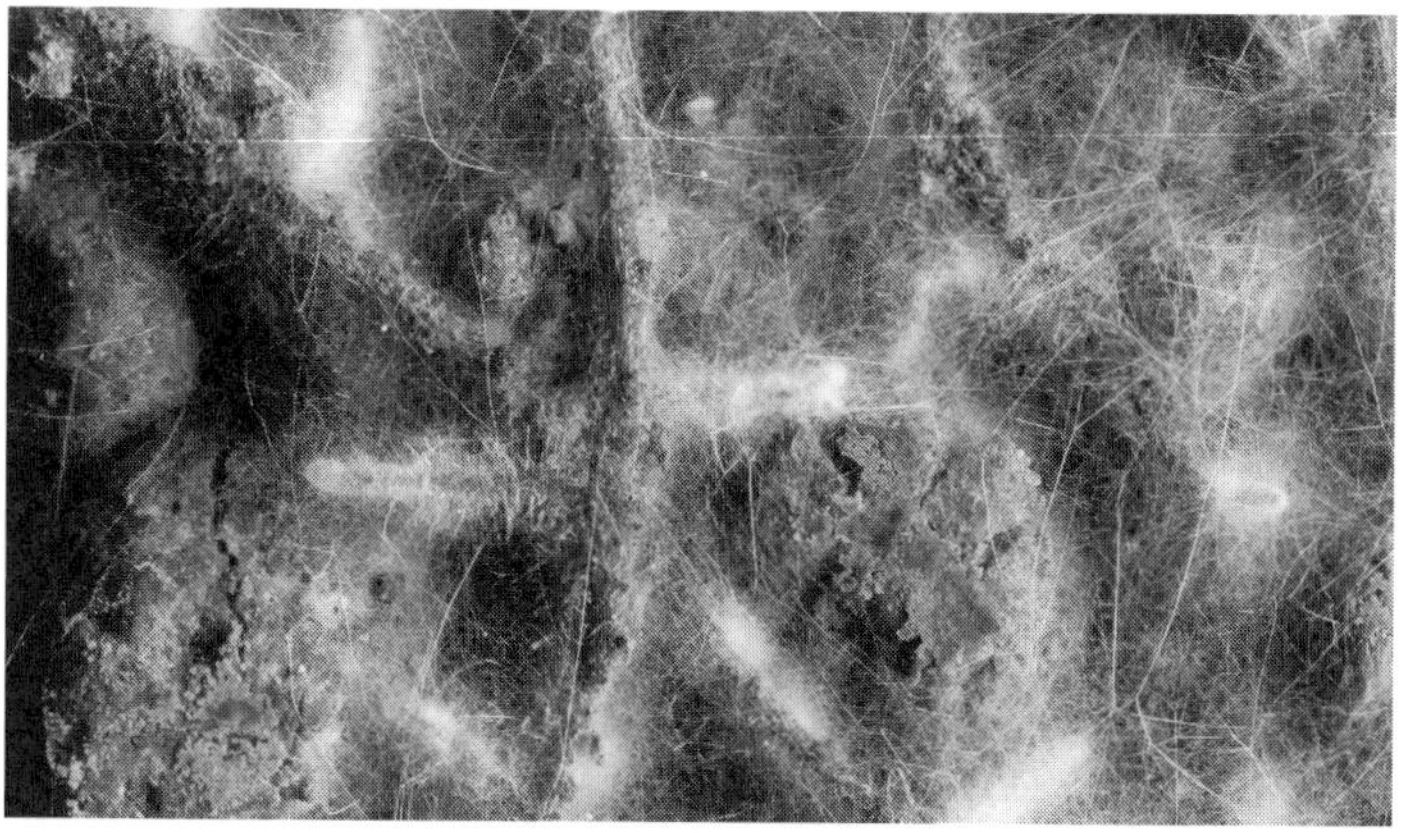

写真8　植物の根と菌類の菌糸が絡み合っている。植物と菌のあいだで栄養をやりとりする関係を「菌根」と言う。森の地下では菌糸の大きなネットワークができて、木と木のあいだで養分がシェアされていることがわかってきた。

森の中にそびえ立つ樹冠調査用の巨大なクレーンを使って、トウヒの大木の枝にチューブを巻きつけそこからその特殊な二酸化炭素を吸収させる。すると、^{13}Cが目印となって、葉で光合成によって作られた養分がどこへ運ばれるかを追跡することができるという仕組みだ。

分析の結果は、クラインさん自身を驚かせた。トウヒの大木の葉で光合成によって作られた養分が、なんとトウヒの周りに生えていた木々から検出された。地下のネットワークを通して、木と木のあいだで養分のやりとりが行われていたのだ。

「最初は間違いかと思いました。根をより分けるときに取り違えが起きた可能性もあると考えて遺伝子解析もしましたが、やはり木から別の木へ炭素が移動していることを確認したのです」（クラインさん）

この地下のネットワークの働きは、森の木々の成り立ちについての考え方を大きく変える可能性がある。たとえば、大木がうっそうと茂る深い森の暗い林床で、小さな幼木はどうやって生長するのか。巨木の森で新しく生まれた幼木は、そのままだと暗い日陰で数十年、数百年ものあいだ、耐え忍ばなければならない。しかし、もしかすると幼木は自分の力だけで生きているのではないかもしれない。周りの木々から養分をシェアしてもらって生きている可能性が浮かび上がってくる（Ⅶページの口絵⑧）。

クラインさんはそうした仕組みをもっと詳しく確かめるため、最近ある実験を行った（47ページの写真9）。

まず土で満たした容器を3つの区画に分け、真ん中にマツ、その両端にカシノキを植える。3つの区画を分けるふたつの仕切りのひとつはプラスチックの板、もうひとつは木の根は通さないが、菌糸を通す程度の穴が無数にあるメッシュだ。これにより両端に植えられた2本のカシノキのうち、一方は真ん中のマツの根とは完全に仕切られ、もう片方は真ん中のマツと根でつながることはできないものの、菌糸を通じてはつながることができる。さらに真ん中のマツだけが光合成を行うという状況を作るため、両端のカシノキを黒い布で覆う。

6ヵ月後、両端の黒布を取り去った。すると、プラスチック板で仕切られた側のカシノキは葉をすべて落とし、いかにも弱々しい姿だった。そしてもう片方のカシノキは……。

「おお、見事ですね」

写真9　地下で菌糸ネットワークを介した養分のやりとりが行われているか実験した。黒布で覆われ光合成のできない2本のカシノキ。地中では菌糸を通すメッシュ（右）と、通さないプラスチックの板（左）で仕切られた。6ヵ月後、菌糸とつながる右側のカシノキは元気に生きていた。

クラインさんも驚くほどの元気な姿だった。メッシュで仕切られた側のカシノキは、黒い布に長く覆われ、光合成ができなかったにもかかわらず、健康を保っていたのだ。スイスで行った実験と同じように、特殊な^{13}Cを使って真ん中のマツが光合成で作った養分の流れを調べてみると、メッシュで仕切られた側のカシノキには菌糸を通して養分が送られていることが確認された。

「衝撃の結果です。日光をたくさん浴びている木から、黒布で覆った木に炭素が与えられていました。木が別の木を助けているのです。私たちの研究の結果は、マツの木同士だけでなく、マツとカシノキのあいだでも炭素のやりとりがあることを示しています」（クラインさん）

もちろん植物は、周りの植物を助けようと思って助けているわけではない。つい擬人的に、あるいは目的論的に語られがちであるが、生き物はあくまで自分の生存や子孫を残す上で有利な性質を進化させてきたことは言うまでもない。つまり、自分にとってよいことが何もない、完全な利他ということは考えにくい。

植物の地下でのつながりの場合、周りの木とつながって、時に養分をシェアし合うことが、安定した菌糸ネットワークを育み、自分や子孫の生存にとっても有利になるという仕組みが存在しているのかもしれない。

森の暗い日陰に生える小さな幼木も、地下のネットワークを通じて、周りの大木から養分を得ている可能性がある。クラインさんによれば、夏は光合成が活発な落葉樹から常緑樹へ、冬には常緑樹から、葉を落として光合成ができない落葉樹へ炭素が送られている可能性があるという。おたがいにとって厳しい季節を支え合うように、養分をシェアしているのかもしれない。

森の中で植物たちは、光や栄養分をめぐっておたがいに競争していると考えられてきた。しかし実際には、地面の下には種を超えて養分をシェアし支え合う仕組みが存在していた。地下でくり広げられている、種を超えた支え合い。それは「競争するより助け合ったほうが命をつなぐことができる」という植物たちのメッセージなのだろうか。

オゾンの増加や温暖化で植物たちのメッセージに異変が

世界各地の森には、森から放出されるさまざまな化学物質をモニタリングするための観測タワーが設置されている（49ページの写真10）。前出のジェームス・ブランドさんがフィンランドの森

写真10　世界各地の森に設置されている観測タワー。
木々が放出する揮発性の化学物質を測定している。森が環境のさまざまな変化に応じて、
化学物質を放出していることがわかった。

で、タワーの役割を教えてくれた。

「このタワーでは、木々が放出する揮発性の化学物質を測定しています。樹冠の高さは植物ごとに異なるので、さまざまな高さで化学物質を捉えられるようにタワーに測定器を設置しているのです。研究の結果、環境の変化を感じた植物が、周囲の他の植物に何かを知らせる化学物質を大量に放出していることがわかってきました」（ブランドさん）

ブランドさんによれば、今、オゾン増加や温暖化などによって植物のコミュニケーションに異変が起きているというのだ。排ガスなどからできるオゾンには、植物が放出したメッセージを分解してしまう作用があるという。

「オゾンは植物が発するメッセージである揮発性の化学物質と反応し、分解してしまいます。さらに葉の気孔にも影響し、メッセージを受けとる能力を低下させると考えられます」

オゾンによって植物の声が奪われれば、周りの植物への警報が届かなくなるだけでなく、ハチなどの花粉の運び手を呼べなくなる。

「温度や湿度に応じて、植物は放出する化学物質を変えるので、温暖化も植物と植物、そして植物と昆虫との関係に影響を与える可能性があります」

世界中で今、森林が破壊され続けている。幼少期に人里離れた森の中に住み、木々に囲まれてすごしたというジャスティン・カーストさんが心配するのは、森林破壊による地下のネットワークへの甚大な影響だ。これまで恩恵をもたらしていたはずの地下のネットワークが逆に悪い作用を始め、悪循環に陥る危険性があると言う。

「菌糸ネットワークの働きは、健全な森では有益であったのに、木々がどんどん死んでいく状況ではコストになります。森林が大規模に破壊されると、地下のネットワークが働かなくなって、若い木が育たなくなるでしょう」（カーストさん）

植物たちのコミュニケーションの遮断、地下のネットワークの機能不全。植物に頼って生きる動物に悪影響がないとは考えられない。もちろんわれわれ人類にも。

「私たちは自然の一部です。自然に悪影響を与えれば、私たちも悪影響を受ける。だからこそ私たちは自然についてもっと学ばなければならないのです」

驚異の感覚と会話力を持つ植物は、競争だけではない、支え合いの世界を築いてきた。その世界で植物と切っても切れない関係にあるのが昆虫だ。植物の知られざる世界の扉を開いた研究者のインタビューパートの後は、第2章で、世界を繁栄させた昆虫の能力の秘密に迫る。

インタビュー 1

「植物の刺激への反応を可視化したとき、鳥肌が立った」

植物はちっとも鈍感な生き物ではない

豊田正嗣

埼玉大学大学院理工学研究科教授。ウィスコンシン大学マディソン校Honorary Fellow、サントリー生命科学財団SunRiSE Fellowを兼任。

じっと黙って動かない植物は鈍感な生き物。そんな従来のイメージに対し、決定的証拠映像を示したのが豊田正嗣さんだ。

2018年、『サイエンス』誌に、虫にかじられた植物が全身にその信号を送っている様子の映像化に成功したことや、信号を伝える仕組みについて報告。動物と同じように植物も

「感じている」ことを明らかにした。

植物研究に衝撃を与えた気鋭の研究者だが、もともとは植物はもちろん生き物にも興味はなかったという。宇宙の謎を解きたいと、大学で最初に専攻したのは物理学。植物研究の道に進んだのは偶然だったという。

「今、触られている」と植物が知らせている！

植物は、葉っぱに触れられただけで「今、触られている！」という信号を別の細胞や組織に伝えます。この現象を可視化したときには文字どおり鳥肌が立ちました。世界で誰も見たことのない鮮やかな映像でした。

この実験では、シロイヌナズナという、植物を研究するときによく使われるアブラナ科の一年草に、遺伝子組み換え技術によりGCaMP《ジーキャンプ》と呼ばれるタンパク質の遺伝子を組みこんでいます。GCaMPは、カルシウムイオンが結合するとGFP（緑色蛍光タンパク質）が緑色に光るという特徴を持っているので、細胞内でカルシウムイオンが増えると、その場所を可視化できます。

しかし顕微鏡を覗いてみても、光が微弱で思ったよりも暗くがっかりでした。ところが嘘みたいな本当の話ですが、GCaMPを組み込んだ植物を選抜していたとき、うっかり手を滑らせて植物を栽培していたシャーレを机の上に落としてしまったのです。それからもう一度、顕微鏡にセットして観察すると、ピカピカと前よりも明るく光っている。

「これは一体何だ」

何が起きているのか最初は理解できませんでした。試みにシャーレのフタを開けて葉を指で触ると、その場所がまたピカピカと光り始める。「なんで光るんだ?」と不思議でした。もちろんシロイヌナズナが触れられるという刺激に反応し、その刺激を受けた場所でカルシウムイオンが増え、GFPが緑色の光を発している様子を見ていたわけですが、一瞬、目の前で起こっていることが現実なのか幻想なのかわからないほどの驚きでした。

もっと驚いたのは、葉をハサミで切ったときの反応です。切断された部位から光の筋がシロイヌナズナ全身へ伝わり始めたのです。葉を1枚傷つけると、わずか1分程度で、遠くの傷のない葉まで全身に光の筋が届きました。

植物が傷つけられるなどして刺激を受けたときに反応することは、過去の研究から知られていました。しかし、私のそれまでの研究でも、刺激を与えた部位近くの狭い範囲でしかカルシウムイオン濃度の上昇を示す発光現象を確認できませんでしたし、しかも暗すぎて、自作の超高感度の検出器を使って何とか見える程度だったのです。

私が名古屋大学大学院の博士課程に進んで以来取り組んでいたのは、カルシウムイオン濃度の変化を手がかりに、植物が重力に対してどう反応するかを可視化する研究です。それから奈良先端科学技術大学院大学でポスドク（博士研究員）としてすごしていたときに、先に触れた、カルシウムイオンと結合するとGFPが光るタンパク質GCaMPを知り、これを自分の研究に取り入れることにしました。それまで化学的な発光現象を利用して、カルシウムイオン濃度の上昇を見ようとしていましたが、GFPによる蛍光現象ならもっと強い光を捉えられる可能性があると考えたのです。

一口に光といっても、化学的な発光と蛍光ではまったく原理が異なります。化学的な発光は自ら光る現象で、代表例はホタルの光です。一方、蛍光を得るには蛍光物質に紫外線のようにエネルギーの高い光を外部から当てることが必要です。たとえばオフィスでよく使われている細長い管の蛍光灯の場合、放電時に管内で発生する紫外線を、管の内側に塗った蛍光物質に当てることで光が出てきます。蛍光灯とホタルの光を比べればわかるように、一般には蛍光のほうが化学的な発光よりもはるかに明るい光を得られます。

次なる挑戦の場として、私はアメリカのウィスコンシン大学マディソン校を選びました。海外で自分の力を試したいのと、植物におけるカルシウムイオン研究の第一人者である同校教授のサイモン・ギルロイ先生のもとで学びたい気持ちがあったからです。ギルロイ先生とはそれ以前に学会でお目にかかっていました。アロハシャツ、カーゴパンツ、腰まで伸びた長髪、口ひげという出で立ちだけでなく、情熱的な話しぶりや、私の拙い英語も嫌な顔ひとつ見せず聞いてくれたことも強く印象に残っています。

しかしギルロイ先生らと同じ手法で研究しようとは思いませんでした。どうせならまったく新しい手法でカルシウムイオンを可視化したいと考え、２０１１年に渡米する少し前から準備作業を始めていたＧＣａＭＰを用いた可視化をテーマに据え、渡米後、本格的な技術開発に取り組みました。こうして2年ほどして、冒頭に述べた発見の瞬間を迎えたのです。

世界で初めて植物の刺激への反応を可視化

「これはセクシーだ！」

というのが、「切られた！」という信号が光の筋となって全身を駆けめぐる様子を見てギルロイ先生が最初に発した言葉です。ギルロイ先生らしい表現だと思いました。傷つけられた葉の狭い範囲だけでなくシロイヌナズナ全身が光る様子を、超高感度検出器も使わずに可視化したのは、それが世界で初めてのことだったのです。

その後、私たちはシロイヌナズナの細胞の中でカルシウムイオン濃度が上昇する仕組みを明らかにしました。

具体的には、葉が切断されると、まず損傷を受けた細胞からアミノ酸の一種であるグルタミン酸が外に漏れ出ます。次に、グルタミン酸が細胞の表面にあるグルタミン酸受容体と結合する。グルタミン酸を鍵とすれば、グルタミン酸受容体は鍵穴です。鍵と鍵穴が結合することによってグルタミン酸受容体が活性化し、細胞の外にあるカルシウムイオンが細胞の中へどっと流れこむ。このカルシウムの信号が連鎖しながら養分を通す管である師管を通って全身に伝わるのです。これらの研究成果をギルロイ先生らとともに論文にまとめて『サイエンス』誌に発表したのは2018年でした。

今でも学会の口頭発表で、シロイヌナズナの全身が光る動画を再生すると、聴衆の研究者のみなさんが目を丸くして見てくれます。発表が終わると、私の周りに人だかりができ、次々に話しかけられます。特に多いのは、植物は、寒さ、乾燥、塩害などにどう反応するのか、ぜひ可視化してほしいといった依頼です。多くの研究者に興味を持ってもらえるのは、この技術の開発者として嬉しいことです。

複雑化した動物に対し植物は単純さを保った

ところで私はもともと、植物どころか生物自体にまったく興味を持っていませんでした。幼いときから好きだったのは、宇宙です。香川の田舎に育ちましたが、小学生の頃、宇宙飛行士の毛利衛さんが近所に講演会に来ると聞いて何十枚も応募ハガキを送り、当選して参加した思い出がありま す。成長するにつれて、宇宙や物質の起源を知りたいという思いが募り、名古屋大学の理学部物理学科に入りました。

宇宙から生物へ興味が移ったきっかけは、大学3年の初め頃、父親が私の下宿先に送ってくれたVHSのビデオで見たNHKスペシャル「驚異の小宇宙　人体3　遺伝子・DNA」シリーズ（1999年放送）です。特に魅了されたのはその第5集「秘められたパワーを発揮せよ　～精神の設計図～」です。新しいものや危険なものを好む傾向、不安感を抱きやすい傾向といった人の性格が、環境だけでなく遺伝的要因とも深いかかわりを持っているらしいことに衝撃を受けました。見た目だけでなく感情や心まで親から子に遺伝する可能性があるとは、思いもよらないことだったのです。もっと脳や神経について知りたい気持ちが芽生えるのと同時に、複雑で混沌として見えた生物の謎を、自分にとってなじみのある物理の視点からクリアに解明できるかもしれないとも思いました。

それからまもなくインターネットで「脳」「神経」「物理」などのキーワードで検索して「生物物理学」という学問分野が存在することを知りました。生物を物理的な視点から研究する分野で、まさに自分にうってつけでした。

さらに同じ名古屋大学の医学部に、曽我部正博先生という生物物理学者で、かつ神経科学の研究者がいることもわかりました。思いきってメールを出してアポをとり、曽我部先生の研究室を訪ねたところ、「自由に遊びに来ていいよ」とおっしゃってくださったのです。それから講義のない日は曽我部研のセミナーや実験に参加しました。大学3年で、学部も異なるのに、受け入れていただいたのはありがたいことでした。

もうひとつありがたかったのは、物理学科に生物物理系の研究室が4つもあったことです。4

年生の研究室配属では、迷わず神経の仕組みを研究している研究室を希望しました。この研究室に大学院の修士課程を修了するまで所属し、博士課程で大学3年からずっと出入りしていた医学部の曽我部研に正式に移りました。

さあ、これから本格的に脳や神経の仕組みを研究しようと意気込んでいた矢先、曽我部先生から意外な提案を受けました。植物で新たに見つかったタンパク質の反応を調べる装置を開発してほしいというのです。それまで私が取り組んでいたのは、カエルの神経と筋肉を取り出して電極を刺し、細胞膜に生じる電位（活動電位）がどう変化するか、神経伝達物質がどのくらい放出されるかといった、動物を対象にした研究でした。

突然、植物の話が降ってきて、動物の、ひいては人の脳の謎を解き明かしたいと考えていただけに、「え、なんで植物？」と思いましたが、同時に興味も湧きました。

曽我部先生に教えてもらった、植物で新たに見つかったタンパク質というのは、特にカルシウムイオンを細胞の外から中へ通す役割を持つカルシウムイオンチャンネルと呼ばれるもので、植物細胞の膜に存在する膜タンパク質です。カルシウムイオンチャンネルは動物の神経細胞には一般に見られる膜タンパク質なので、私にも馴染みがありました。あくまで動物を対象としたものですが、カルシウムイオンの濃度変化を可視化する研究をした経験もありました。

それだけに意外だったのは、神経を持っていないはずの植物にもカルシウムイオンチャンネルが存在するということでした。一体何に使っているのだろう？　この疑問を解くための装置がないのであれば、ぜひ作ってみたいと考えたのです。ここでの経験が後の発見につながったことは言うまでもありません。

私はこうして動物から植物へと研究対象を変えました。今でも時折、動物と植物の違いは何なのかと考えることがあります。葉を傷つけられたシロイヌナズナの全身に光の筋が走る動画を見た人の多くが、動物の神経ネットワークを連想します。太い葉脈から細い葉脈へと情報が伝わる様子は、中枢神経から末梢神経へ情報が伝わる様子に似ているのはたしかです。

しかし、両者には異なる点があります。動物の神経細胞の最大の特徴は長いことです。ヒトの座骨神経の場合、腰のあたりから伸びた神経細胞が、長さにして1メートル以上もあり、足の先まで伸びています。一方、植物の情報伝達の中心的な役割を担っている師管は、神経細胞のようなひとつの細胞ではなく、電車の車両のように連結された無数の細胞から構成されています。その細胞と細胞の境目に師孔と呼ばれる小さな穴がたくさんあり、その中を養分が通っていきます。カルシウムの信号は師管を構成する細胞の膜を伝わります。

もうひとつ大きく異なるのは情報伝達の速度です。動物の場合、筋肉につながる神経細胞の情報伝達の速度は1秒間に数十メートルです。一方、植物の場合、虫にかじられたという情報は1秒間に1ミリメートルしか進みません。

動物は繊細な感覚をいくつも持っています。視覚、聴覚、嗅覚、味覚、触覚の五感の他、温度感覚、痛覚、平衡感覚、回転感覚などもあります。そのため細胞の種類も豊富です。ところが植物には動物に比べて細胞の種類が多くありません。だからこそ植物ではひとつの細胞が複数の機能を担っているのだと考えられます。

細胞の種類を増やして複雑化してきた動物。細胞の種類を最低限に絞り、単純な構造を保ったままの植物。一見、動物のほうが高度な機能を持っているように思えますが、複雑化した代償として、動物は植物のように簡単に自らの組織を再生することはできません。トマトなら生長の途中で折れた枝を挿し木すれば根っこが生えてきますが、動物にそのような再生能力はありません。

このように、構造にも速度にも違いがあるにもかかわらず、生命を維持するのに重要な情報を伝える仕組みを、植物も動物も、それぞれの方法で実現しているのが面白いところです。

私も自分の目で見るまで、植物がまさかこんな情報伝達をしているとは思いませんでした。むしろ植物は鈍感だと思っていました。子どもたちの多くが植物園より動物園を好むのは、動物と違って植物は触っても反応しない、逃げることもないからでしょう。しかし、実際には植物は動物と遜色ないくらいの高度な能力を持っています。このギャップが植物の面白さだと思います。

私自身にとっても、他の人にとっても、植物にこんなことはできるわけがないといった先入観を払拭するような研究をして、多くの人にその内容を伝えたいですね。それが私の研究のモチベーションです。

インタビュー 2

植物は昆虫が自分の葉をかじる音を「聞いている」

なぜ、植物は音を利用するのか

ハイディ・アペル

トレド大学環境科学部教授

その実験結果を初めて目の当たりにしたとき「信じられなかった」というハイディ・アペルさん。しかしくり返し確認して、植物も私たちと同じように「聞いている」と認めざるを得なかったという。

以前から植物が、音楽や人からの呼びかけに何らかの反応を示すとする研究がいくつもなされてきた。一方、アペルさんは植物は音楽よりも自分にとってもっと大事な情報、つまり昆虫、風、雨粒などの環境の音に注意を払っていると指摘する。植物はほとんど動かないし、複雑な器官も持っていない。だが、植物を過小評価してはならないのだ。

多くのメディアで取り上げられた実験結果

ずっと植物のことが好きでした。最初の記憶として蘇るのは木々を下から眺めている場面です。家族によれば、森でお昼寝をしていた赤ん坊の頃の記憶だろうとのこと。実際、私たちはしばしばキャンプに出かけていたのであり得る話です。裏庭の木に登って、葉の匂いを嗅いだり、木漏れ日を浴びたりするのが日課でした。

植物を研究しながら生活する道があると知ったのは、大学に入ってからです。最初に専攻したのは古代史と音楽でしたが、途中で生物学に変更しました。以来、人生のすべてを植物の研究に費やしています。

植物は昆虫からの攻撃をどう防御しているのか。私はこの問題を化学的な側面から解き明かしたいと考えています。人類は生薬や香辛料の原料として、昔から植物を利用してきました。もちろん植物は人類のために原料を生産してきたわけではなく、彼らは昆虫やその他の病原菌から自らの身を守るため防御物質や治療薬を作ってきただけです。人類はそれを借用しているわけです。私は、植物が自らの身を守る物質をどのように作り出してきたかに興味を持っています。

2014年、私はアメリカ・ミズーリ大学生物学科のレックス・コクロフト教授と、植物が昆虫に食べられるときの音を「聞いている」とする論文を発表し、アメリカの新聞『ニューヨークタイムズ』『ワシントンポスト』などメディアに幅広く取り上げられました。それまでも植物が音楽、特定の音色、あるいは人の会話を聞いているといった研究はありましたが、最も身近で、生存に直接関係する音に反応することを示したのは私たちの報告が初めてで、大きな注目を浴びたのです。

この研究がスタートしたのは、2007年、私が同大学に上級研究員として赴任してコクロフト教授にあいさつしたときです。研究者同士の会話はたいていの場合おたがいの研究内容を紹介するところから始まります。動物行動学者の彼は、昆虫同士のコミュニケーションを研究していました。特に、植物を棲処にしているヨコバイが、葉を震わせて仲間にどんなメッセージを送っているのかに焦点を当てて研究を進めているとのことでした。

そのとき彼がこんなことを言ったのです。「困ったことにアオムシ（モンシロチョウの幼虫）が葉をかじり始めると、その音がうるさすぎてヨコバイのメッセージが聞こえなくなるんだ」

これが私たちのアハ！　モーメント（ひらめきの瞬間）でした。顔を見合わせ、ふたり同時に「植物はアオムシが葉をかじる音を情報源として利用しているんじゃないのか？」と叫びました。ここから共同研究が始まったのです。コクロフト教授が担当したのは、アオムシがシロイヌナズナの葉をかじる音の記録です。シロイヌナズナは、動物学者にとってのマウスのように、植物学者が実験によく使うアブラナ科の植物です。

音を記録するといっても、マイクロフォンを葉っぱの上に置くわけにはいきません。その重みで、葉っぱがたわみ、うまく録音できないからです。ヨコバイが葉の上で振動を起こして仲間にメッセージを送る研究をしていたコクロフト教授の本領がここで発揮されました。音は空気の振動なので、葉をかじる音は葉を揺らすはずです。その葉の振動を記録するため、コクロフト教授は光を反射するテープを葉に貼りつけ、そこにレーザー光を照射しました。葉の振動によって変化する反射光を記録するためです。わずか数マイクロメートル（1マイクロメートルは1000分の1ミリメートル）の振動を検出できる装置でした。

こうして私たちは反射テープを貼った葉の隣の葉にアオムシを置いてかじる音を記録。次に、シロイヌナズナを2グループに分けて、一方はかじる音による振動を体験させ、もう片方は振動のない環境に置きました。もちろんどちらのグループにもアオムシは置きません。違いは、かじる音を再現した振動のありなしだけです。

実験開始から2時間後、かじる音の振動をストップして、振動のありなしが、実際にかじられたときの反応にどう影響するか調べるため、両グループの各シロイヌナズナにアオムシを置き、2日後に取り除きました。

両グループにどんな違いがあるかを調べるのが私の担当です。化学的な分析により、かじる音の振動を体験させたグループは、静かな環境に置いていたグループに比べて、30％も防御物質の分泌量が多いことがわかりました（29ページの写真3）。初めはこの結果が信じられず、何度も分析し直しましたが、やはり間違いありません。

私はコクロフト教授を呼んで、「植物はかじる音に反応している。彼らはグルコシノレートの分泌量を増やしている」と言いました。グルコシノレートは、辛味成分を含む油で、植物が昆虫に対して自らを防御するために作る化学物質のひとつです。

シロイヌナズナの他、植物の多くが防御物質を作っています。ただし普段の分泌量は低く、昆虫を追い払うほどの効果は発揮しません。昆虫のほうも防御物質を分解して無毒化する機能を身につけています。ところが植物が、その分泌量を増やすと、昆虫も耐えきれず、立ち去ってしまうのです。防御物質は、かじられた傷口から病原菌が侵入するのを防ぐのにも役立ちます。

害のある音とそうでない音を聞き分けている

さて、私たちはシロイヌナズナがかじられる音に反応して防御物質をたくさん作ったという結果に驚きましたが、同時に、疑問も湧きました。シロイヌナズナが反応するのはかじられる音だけなのか？　もしかしたら他の振動にも反応するかもしれないと考えたのです。

そこで次に私たちは、かじる音とは別の、自然界で植物が体験すると考えられるふたつの振動を体験させてみました。穏やかな風と、ヨコバイの交尾期の鳴き声です。

シロイヌナズナはこれらふたつの振動を体験しても、グルコシノレートを増やすことはありませんでした。ヨコバイはシロイヌナズナを棲処にしても、葉を食べることはありません。ヨコバイの交尾期の鳴き声は、アオムシが葉をかじる音のようなリズミカルなパターンは示さないものの、周波数だけ見ればかじる音に非常によく似ています。ところがシロイヌナズナは、自分に害のある音と、風や自分を食べない昆虫の鳴き声など害のない音を区別しているらしいのです。

先に触れたように、植物に音楽や特定の音色を聞かせると、生長具合に変化が現れたとする研究成果はいくつも報告されています。植物が周囲の音の環境に影響を受けることは十分考えられることですが、私たちはその理由をはっきり理解できていませんでした。しかし、コクロフト教授と私が明らかにした、植物がかじられる音を感知して、防御物質の分泌量を増やすという事実こそ、植物が音に反応する理由のヒントになります。つまり、植物には自らの生存にとって大きな意味を持つ空気の振動のパターン、すなわち音を感知する機能があるということです。

植物は手で触れながら育てた箇所が硬くなったり、特定の向きの風を受けながら育つと偏った形になったりすることが知られています。周囲の環境の変化を感知し、自らを変える機能が植物には備わっている。音に反応できるのも、植物の持つ機能のひとつと言えるでしょう。

では植物が音を利用するメリットは何なのでしょうか。昆虫に葉をかじられるなど攻撃を受けたとき、かじり跡に残された唾液に反応して、全身に植物ホルモンを送って、まだダメージを受けていない部分に危機を知らせることや、唾液の種類から昆虫を特定し、その昆虫に合わせた防御物質を作ることは以前から知られています。ちょうど私たちが腕を怪我したとき、免疫系が働いて、傷を塞いで病原菌の侵入を防いだり、侵入を許した病原菌を攻撃したりし始めるのと似たことを植物も行うわけです。一見、わざわざ音を利用しなくてもよい気もします。

しかし、私たちはこの点を検討して、音には、植物の内部を伝わる植物ホルモンにはないメリットがあることに気づきました。それはスピードです。音は他の手段に比べて情報伝達のスピードが圧倒的に速いのです。だから植物は音を利用しているのだろうと私たちは考えています。

人は、植物には鼻もなければ耳もないのだから、匂いを嗅げないし、音も聞けないと考えがちです。植物が、動物が持っているような複雑な器官を持っていないのはたしかですが、彼らは彼らなりの方法で、環境の変化を感知し、対処しています。

地球上のバイオマス（生物資源量）の80％は植物が担っています。私たちが植物に頼っているのは食料としての役割だけではありません。水を浄化し、酸素を供給してくれる植物なしに私たちは生きていくことができません。私が植物を研究するのは、単に生き物として素晴らしいからだけではなく、私たち人類にとって重要だと考えているからです。

コクロフト教授と私は今後、野外での実験を進めたいと考えています。実験室と異なり、野外には風や受粉者の昆虫など振動を発するものがさまざまあります。複雑で騒々しい自然界で、植物は毛虫が自分をかじる音をどう感知し、対処しているのでしょうか。

植物はこれからも私たち科学者を驚かせてくれるに違いありません。

インタビュー 3

植物の〝おしゃべり〟を解読する

獲物の場所を天敵に教えていたのは植物だった

京都大学名誉教授

高林純示

森や草原で、肉食性の昆虫が獲物とする昆虫を見つけ出すのは、広い砂浜に落とした一粒の真珠や大海に浮かぶ小島に隠された宝を見つけるくらい難しい。それなのにどのように昆虫は獲物を見つけているのか。学生時代にこの謎に魅了され、1980年代から研究に取り組んできたのが高林純示さんだ。

高林さんはこれまで、植物がメッセージを発して、肉食性の昆虫をまるでボディガードとして雇うかのように呼び寄せ、葉を食べる昆虫を退治してもらうなどの不思議な現象を明らかにしてきた。植物はもの言わぬ生き物どころか、かなりの〝おしゃべり〟であるという。

SOSを伝えたり植物同士で〝おしゃべり〟をしていた

植物はじっと動かず、虫に葉を食べられても、何も対処していないように見えます。ところが実際には、植物はSOSシグナルとして働く匂い物質を出して、その虫の天敵を呼び寄せることもあれば、他の植物と匂い物質でおたがいにメッセージをやりとりすることもある。こんな話題を一般向けの講演で出すと、多くの方は意外そうな顔をされます。「鼻もないのに、なぜ植物に匂いがわかるんですか」と質問されることもあります。

もちろん植物には脳もなければ鼻もありません。われわれ動物の常識では、植物にSOSのシグナルを出したり、匂いの情報を受け取ったりといった高度なコミュニケーションができるなんて考えられません。

しかし、動物の常識が通用しないのが、植物の世界です。われわれの認識できないところで複雑なネットワークが広がっていることを知り、私自身も世界観が変わったのです。

私はこれまで植物と昆虫、あるいは植物と植物のあいだのコミュニケーションについて研究してきました。そのきっかけは、1980年に大学院に入って間もない頃に読んだ寄生バチに関する専門書の中のある記述でした。寄生バチは、イモムシなどに卵を産みつけます。寄生された生き物を寄主《きしゅ》と呼びますが、寄生バチの卵が寄主の中で孵化すると、寄主を食べながら成長し、最後には寄主の外に出て繭を作り、サナギとなって脱皮して飛び立ち、今度は自分が卵を産むために、新たな寄主を探します。寄生された寄主はもちろん死んでしまいます。

さて、その専門書にこんなことが書かれていました。寄生バチが寄主を発見するのは、広い砂浜に落とした一粒の真珠や大海に浮かぶ小島に隠された宝を見つけるくらい難しいことである、と。寄生バチの体長は2ミリメートル程度しかありません。草原の中で特定の種類のイモムシを見つけるのは人間にも難しいことですが、小さな寄生バチにとってはもっと難しそうに思えます。しかし彼らは巧みに寄主を見つけている。一体どうしてそんなことが可能なのか。私もこの謎に興味を抱き、研究を始めました。

最初に取り組んだのは、寄生バチのカリヤコマユバチが、寄主のアワヨトウというガの幼虫をどのように見つけ出しているのかという問題です。といっても寄主発見の最後の段階、つまり、寄生バチは寄主のイモムシが食べる植物に到達した後、葉の鞘や根もとの土の中に隠れているイモムシをいかに発見するか、という問題に絞りました。大海に浮かぶ小島を見つける過程は脇に置いて、小島を見つけた後、その中でいかに寄主という宝物を見つけるかという問題に焦点を当てたわけです。

その結果、カリヤコマユバチが、アワヨトウ幼虫の糞、葉っぱのかじり跡、脱皮した後の殻を手がかりにしていることを突き止めました。糞、かじり跡、脱皮殻に共通して含まれる化学物質の合成にも成功し、それが、カリヤコマユバチにとって、隠れているアワヨトウを探す手がかりになっていることを確認しました。こうして小島での宝の見つけ方の謎は一応解けました。

その後、海外留学の機会を得ます。日本人留学生の大半がアメリカに行く時代に、私はオランダを選びました。当時スピードスケートをしていたので、そのメッカに行ってみたかったのも理由のひとつですが、第一の理由は、受け入れ先のワーゲニンゲン農科大学に寄生バチ研究で有名な先生がおり、いよいよ「大海に浮かぶ小島をいかに探すのか」という問題に取り組めると期待もありました。

ところが私が渡航する少し前に、その先生がオランダの別のライデン大学へ転出してしまったのです。私は寄生バチの代わりに、植物、その植物を食べる植食性ダニと、そのダニを食べる肉食性ダニの三者の関係を調べる研究プロジェクトに加わることになりました。

寄生バチに比べればダニは賢そうには見えず、最初は気勢を削がれました。しかし、すぐに思い直しました。新たな研究対象の肉食性ダニのチリカブリダニは体長が0・6ミリメートル。しかも目がありません。寄生バチと違い、翅もない。歩くか、風に運ばれるしか、餌となる植食性ダニのナミハダニを探す手段がないのです。大海に浮かぶ小島の発見問題は、チリカブリダニとナミハダニにも横たわっていたのです。翅を持たない分、チリカブリダニのほうが寄生バチより難しい探索を行っているようにも思えました。

植物間コミュニケーションを裏づける研究成果

私がオランダに渡るのは1988年です。実はその5年前、1983年に当時ワーゲニンゲン農科大学のモーリス・サベリス博士らが、ナミハダニが食害したリママメというマメ科の植物が、チリカブリダニを揮発性物質＝SOS物質を出して呼び寄せていることを指摘する論文を発表していました。私の渡航直前には、リママメがチリカブリダニを呼び寄せるために作り出しているSOSシグナルも特定されました。

植物こそ大海に浮かぶ小島の発見の鍵を握っているという考えが生まれた地で、サベリス博士の弟子らによって新たなプロジェクトがスタートしたばかりの頃、私はそのチームに加わったことになります。今思えば絶好のタイミングでした。

それからリママメだけでなく複数の植物種、ナミハダニ、そしてチリカブリダニの三者の関係について詳しく調べました。さまざまなことがわかりましたが、特に驚いたことのひとつは、リママメがナミハダニにかじられた葉だけでなく、全身でSOSシグナルを出していたことでした。私たちは怪我すると免疫系が働いて、怪我の部位が痛むだけではなく発熱するなど全身での反応が起きます。植物も一部のダメージに全身で対応する仕組みがあったのです。

オランダ留学時代には、植物と昆虫のコミュニケーションに加えて、植物間コミュニケーションに関する研究プロジェクトにも参加します。

植物と植物がコミュニケーションをとっているとの衝撃の結果を最初に示したのは、ボールドウィンとシュルツというアメリカの研究者が『サイエンス』誌に発表した1983年の論文でした。傷つけられたポプラの木からの匂い物質を、いわば「立ち聞き」して隣の健全なポプラが防衛物質を作り、敵の来襲に備えていると主張する内容です。同じ年には別の研究者がヤナギでも植物間の「立ち聞き」があると報告しました。

これを機に植物間コミュニケーションの研究に注目が集まります。しかし1985年、先の研究には実験手法に問題があると指摘し、批判する論文が出ます。詳しい事情はわかりませんが、その後、植物間コミュニケーションの存在を唱えた研究者らがその研究をやめてしまい、この分野は下火になりました。

私が昆虫と植物のコミュニケーションに加えてオランダで参加したのが、いったん下火になっていた植物間コミュニケーション研究を復活させようとした共同プロジェクトだったわけです。2年の留学生活を終えて帰国した後も、この研究を続けました。

2000年には植物間コミュニケーションを裏づける研究成果を『ネイチャー』誌に発表することができました。ナミハダニの食害を受けたリママメ株のSOSシグナルを「立ち聞き」した健全なリママメの葉は、ハダニに食われにくくなっていること、そして毒物質を作るなど防衛にかかわる遺伝子が活性化していることを確かめたのです。微量の化学物質の検出技術や遺伝子解析技術の進歩により、1983年頃には難しかった研究が可能になったおかげでした。2000年には私たちのこの研究の他、ふたつの研究グループから植物間コミュニケーションを示す論文が出ます。3つの独立した論文が決定打となり、植物が匂い物質を使って会話するという概念が確立しました。

それから20年以上経ちますが、植物間コミュニケーションの研究はますます発展しています。ある論文は、隣の植物から匂い物質を受けとった植物が、いつでも防衛物質を作っているわけではなく、自分を害することのない虫にかじられて作られた匂い物質には反応しないと報告しています。「どんな虫にかじられているか」という微妙な匂いを植物は嗅ぎ分け、自分に関係なければわざわざ防衛反応を発動させないわけです。

植物が匂いを検知する感度はどれくらいなのでしょうか。私たちがシロイヌナズナを使って調べたところでは、50メートルプールに塩をひとつまみ入れて混ぜた程度の薄さを検知できるという結果でした。動物の嗅覚に引けをとらない感度です。

農薬の代わりに植物のSOSシグナルで作物を守る

私たちは、植物と虫のコミュニケーションや植物間コミュニケーションの基礎的な研究を、農業に応用する実験にも取り組んでいます。

京都府美山町のミズナ生産ハウスで行った実験では、農業害虫として知られるコナガの幼虫に寄生するコナガコマユバチを呼び寄せることができるか検証しました。植物の葉がコナガの幼虫にかじられていることを示す、人工的に合成した匂い物質と、ハチの餌であるハチミツのボトルをミズナ生産ハウスに設置したところ、周辺にひっそり暮らしているコナガコマユバチが呼び寄せられました。そのおかげでコナガによる被害も軽減しました。

また別の実験では、黒ダイズ、黄ダイズの畑の近くに自生していた雑草であるセイタカアワダチソウをバサバサと切り刻んで、複数の洗濯用のメッシュ袋に入れ、畝に沿って置いておきました。生育初期のダイズに3週間だけ、洗濯袋入りの草刈りの匂いを経験させ、残りの期間は何もせずに放置していたのですが、虫に食べられる割合は、その草刈りの匂いを経験させていないダイズに比べて、害虫が多く発生した年では4割程度小さかったのです。芽生えてまもなく経験した「草刈りの匂い＝危険な匂い」によって防御を固めたからだと考えられます。

農業害虫の天敵を農作物のボディガードとして雇ってパトロールしてもらったり、「このあたりは危険だぞ」というメッセージを送ったりなど、植物と昆虫あるいは植物同士のコミュニケーションを活用することは、農薬の代替手段になるかもしれません。農薬ほど絶大な効果があるとは言えませんが、自然界のコミュニケーションを利用する農業が、農薬を利用する農業よりも環境に優しいのはたしかでしょう。

出張授業で中高生に伝える植物の不思議

私たちはまだ、植物や昆虫のコミュニケーション手段を理解し始めたばかりです。匂い物質を使って交わされる、彼らの会話を解読するのは簡単ではありません。キャベツがコナガの幼虫に食べられたときに出す匂い物質と、モンシロチョウの幼虫に食べられたときの匂い物質では、そのブレンドに違いがあります。しかしながらさすがに、私たちの鼻で嗅いでもまったくそのブレンドの違いを認識できません。しかし、コナガコマユバチはちゃんとコナガの幼虫に食べられたときの匂いのブレンドを嗅ぎ分けて、「あっ、むこうにコナガの幼虫がいる！」と飛んでいく。本当にすごいことだと思います。

世界はなぜ「緑」かという疑問が生態学ではあります。草食動物や植食性昆虫が植物を食べつくしてしまうはずなのに、なぜ地球は植物に覆われ、緑なのか。その理由を、植物が有り余っているから、あるいは肉食動物や肉食昆虫などの捕食者がいるからであるなどと説明しています。１９６０年にこの考えを提唱したアメリカ・ミシガン大学の生態学者ヘアストン、スミス、スロボトキンの頭文字をとって、この説はＨＳＳ仮説と呼ばれています。

ＨＳＳ仮説では、植物の積極的な役割については言及されていません。しかし、ここに述べてきたように近年、捕食者を呼んで自ら身を守っている植物の姿が次々と明らかにされてきています。植物が有り余るほど存在するのは、植物自身の積極的な働きがあるからなのです。

植物が発するメッセージはいたるところにあります。中学校や高校に出張授業をする際、私はよく校庭の脇に生えている雑草を生徒たちに渡して「葉っぱを千切ってみましょう」と声をかけます。そして「匂いがしますね」と続ける。みんな、その匂いを知っています。草刈りのときに嗅ぐ匂いです。「どうしてそんな匂いがするのか、不思議だと思いませんか？」と聞いても、不思議だと答える人はあまりいません。しかし、これこそが植物の発する「切られた！」というメッセージに他ならないと話すと、みんな感心してくれます。

誰も疑問に思わないかもしれないけれども、よく考えると不思議な現象やまだ解き明かされていない謎は身の回りにいくらでもあります。大学は、そういう不思議な現象や謎について勉強し、研究する場所です。すでに答えがわかっていることを学ぶ場所ではありません。そんな話を出張授業ではしています。

インタビュー 4

森の木々は地上で競争し、地下で手を握っている!?

地下ネットワークが気候変動の危機を救うか

ワイツマン科学研究所植物環境科学部門主任研究員

タミル・クライン

植物は隣の植物と、太陽光や土壌中の栄養分をめぐって競っている。それがこれまでの常識だった。2016年、『サイエンス』誌に発表された論文で、その常識に疑問が投げかけられた。森の木々はおたがいに資源を奪い合っているように見えて、実は地下のネットワークを介して協力している可能性が指摘されたのだ。

木々が協力するとはどういうことなのか？　論文の著者タミル・クラインさんが語る。

種類の違う木々が地下で炭素をやりとりする

私に最初に植物の魅力を伝えてくれたのは母です。植物への興味を引き出そうと、何度も美しい花や木を子どもたちに見せてくれたのです。ところが子どもの頃の私は、鳥や小さな哺乳類への興味のほうが強く、母には「植物は退屈だよ」と答えていました。

そんな私が植物研究者になったのは母国イスラエルで、大学院生として入ったワイツマン科学研究所で、希望していたラボではなく、植物学のラボにたまたま配属されたからです。それ以来、植物を研究していますが、今では母が言っていたことを十分理解できますし、動物と同じか、それ以上に植物に魅了されています。

植物研究者としての転機は、スイスのバーゼル大学のある研究プロジェクトに参加していたポスドク（博士研究員）時代に訪れました。プロジェクトの目的は、将来、大気中の二酸化炭素が増加したとき、植物がどこまで二酸化炭素を吸収できるのかを予測することでした。植物は太陽の光を利用し、水と大気中の二酸化炭素から光合成によりさまざまな有機物を作り、酸素を放出します。人間が社会活動により大量の二酸化炭素を放出しても、それに合わせて植物が二酸化炭素の吸収量を増やせるなら、大気中の二酸化炭素濃度はそれほど増えないことになる。しかし、本当にそうなのか。この問題は、地球温暖化を考える上で重要です。

私に割り当てられた研究対象の植物は、森に自生するトウヒでした。建設用のクレーンを使い、40メートルもの高木であるトウヒの頂部にチューブを巻きつけ、チューブの穴から二酸化炭素を噴射して葉に浴びせ、しばらく後で根などを採取した上、トウヒにどれくらい二酸化炭素を取りこむ力があるのかを分析するのです。実験には、大気中の二酸化炭素と区別するため、炭素を通常の^{12}Cよりも重い^{13}Cで置きかえた二酸化炭素を使用しました。

さて私はトウヒだけ調べればよかったのですが、イスラエルの地中海性の植物しか知らなかった私にとってスイスの温帯林の木々はどれも興味深く、トウヒの周辺に生えているオーク、マツ、ブナなどの木の根もサンプルとして採取しました。研究チームの仲間からはしばしば「自分の木に集中しなさい。君の仕事はトウヒを研究することだ」などと言われたものです。しかし、トウヒ以外の木についても知りたい欲求を抑えられず、私の手伝いをしてくれることになった5人の大学院生とともにさまざまな木からサンプルを採取し続けました。

苦労したのは根の選り分けです。地上部の木なら、葉の形や色でトウヒだのオークだのとすぐに見分けがつきます。しかし各種の根はどれも似ているだけでなく、近接しているので、簡単に分類できないのです。それでも大学院生たちは経験を積んで、ある程度、根の色や形で見分けられるようになりましたし、それでも難しい場合は匂いを嗅ぎ、味見までして区別できるようになりました。

その後、私たちはトウヒが二酸化炭素をどれくらい吸収できるか調べる一方、トウヒを含むさまざまな種類の木の根についても分析を進めました。結果、トウヒの林冠で取りこまれた^{13}Cがトウヒの根からはもちろん、オーク、マツ、ブナなどの木の根からも検出されたのです。^{13}Cは自然界にはほとんど存在しません。したがって、オーク、マツ、ブナなどの木の根から^{13}Cが検出されるとすれば、トウヒの林冠で吸収された^{13}Cに由来するとしか考えられません。

木々の根をつないでいる生き物

それではどのようにトウヒの根から他の種類の木の根へ炭素が運ばれるのでしょうか。実はこれら複数の種類の根をつなぐ生き物がいます。それが、植物から有機物をもらう一方、リンや窒素など土壌中の無機物を植物へ提供している菌根菌です。

すぐに私は研究プロジェクトのリーダーであるバーゼル大学のクリスチャン・ケルナー教授にその結果を伝えました。彼の最初の反応は否定的でした。「根の選り分けを間違えたんじゃないか」と言うのです。

たしかに、マツの根と思ったら後でトウヒの根とわかったというような事例は頻繁にあるので、彼の心配はもっともでした。しかし、私も言い返しました。「私は自分の大学院生たちのチームに自信があります。彼らは訓練を積んで、根の識別がうまいからです」

ケルナー教授はとても情熱的な人ですが、私にも情熱があります。「あり得ない。これは間違いだ」という彼に、「あなたは教授だし、私はあなたを尊敬していますが、これは間違いではありません」と折れませんでした。彼は頑固でタフな人ではあるけれど、一方、批判や自分の主張と異なる意見に対して極めてオープンな人でもあります。ヒートアップした議論の終わり頃には「君が私にこの結果が正しいと示すことができたら、私たちは重要な成果を手にすることになる。世界に伝えるべき重要な成果を」と言ってくれたのです。

私たちは森に戻って、トウヒと他の種類の木の根が菌根菌のネットワークを通じてつながっていることを確認し、整理してデータを持っていくと、ついにケルナー教授も認めてくれました。「これは非常に重要だ。これまで誰も示していない成果だ。インパクトの大きい科学誌に発表しよう」と喜んでくれたのです。2016年、この研究成果をまとめた論文が『サイエンス』誌に掲載されました。

実はそれまでにも、実験室レベルでは苗木が炭素をやりとりする例は確認されていました。しかし、森に生える40メートルもの高木が、他の種類の木に炭素を送っていることを示す報告はありませんでした。もともと森の木々に二酸化炭素をどれくらい吸収する能力があるかを調べるために準備した実験装置や材料を、複数の種類の木々で炭素の移動を追跡する、かつてなく大規模な実験に運良く利用できたからこその発見だったと考えています。

その後、ワイツマン科学研究所に戻って、植物と菌根菌の地下ネットワークについて研究を進めていますが、ここイスラエルでも、植物が菌根菌の地下ネットワークを通じて、他の種類の植物と炭素を融通し合う現象は確認されています。

多くの人は、森の植物が太陽の光や土壌の栄養分をめぐって競い合っていると考えています。もちろん森の植物間の競争は存在します。競争は植物の営みを支える主な要素と言ってもいいでしょう。しかしそれだけではないことを私たちの研究は示唆しています。つまり、森の植物同士が協力し合っている可能性です。植物たちは地上では競い合っていても、地下では協力し合っているのかもしれません。

光合成が盛んな木がそうでない木を助ける!?

それでは炭素を融通することで植物にどんなメリットがあるのでしょうか。私たちの研究では、冬はマツからオークへ、春や夏はオークからマツへ炭素が移動していることが示されています。イスラエルなど地中海性の森林では、マツは冬に、オークは春や夏に活発に光合成を行います。季節ごとに活発な時期が異なる木々が炭素を融通し合い、おたがいにとって厳しい季節を乗りきろうとしているのだと考えられます。実はマツは地下の浅いところに根を張り、オークは地下のより深いところに根を張ります。彼らは地下空間を棲み分け、菌根菌のネットワークを通じて、よい協力関係を築いているのです。

近年、気候変動による熱波、干ばつなどの異常気象の深刻化、あるいは人的要因による伐採、山火事などの多発のため、森林はかつてないストレスにさらされています。しかし菌根菌を介した助け合いにより、植物たちは生死にかかわる危機を乗り越えられるかもしれません。

ただ、菌類は非常に敏感な生き物です。人が土を触っただけでも機能しなくなってしまう種類のものもあります。たとえば森で、１００種の異なる菌類のいる土壌を大きめの容器に移し替えたとします。そうするとどんなによい条件で育てたとしても10種ほどしか生き残れません。大半は死んでしまうわけです。つまり、菌類の生存には膨大な面積の土地が必要なのです。その意味で、各国で行われている、老木や弱った木を保存するためにフェンスで囲い、周囲の環境から隔離する取り組みはあまり得策とは言えません。菌根菌のネットワークを断ち切れば、周囲の木々から栄養分の提供を受けられなくなってしまう恐れがあるからです。

私たちは、森の地下ネットワークが生態系の維持に重要な役割を果たしていると考えています。しかし菌根菌が木から木へ炭素を送っているとしても、大した意味はないと考える研究者もいます。私たちの研究でも、菌根菌の種類によって木から木へ炭素を送る協力的な菌もいれば、そうでもない菌もいることが明らかになりつつあります。

しかし、森には高木だけでなく低木も生えています。このような複雑な要素が絡み合う環境の中で、隣り合う木々の競争と協力のバランスはどうなっているのでしょうか。競争と協力の割合はそれぞれ50％と50％かもしれませんし、80％と20％かもしれません。この割合が変動するとすれば、どんな条件によるのか。ライバルが無二の親友になる条件は存在するのか。明らかにすべきことはまだたくさんあります。

第2章

昆虫

全生物を支えてきた奇跡の能力

飛び、変態し、小さなサイズで生物界を圧倒

地球上の全生物の種数は200万種あまりとされる。そのうちヒト属で現存するのは私たちホモ・サピエンスの1種だけだ。哺乳類全体では6000種、植物は40万種。だが、昆虫はさらに多い。その種数はすでにわかっているものだけで100万種を超える。なんと昆虫だけで全生物種の半分以上を占めているのだ。

植物の送粉者として、あるいは動物の食料として役に立ってきた昆虫。研究者たちは「昆虫は人間がいなくても生きていけるが、人間は昆虫がいなければ生きていけない」と話す。

私たちが注目したのは昆虫の驚異的な能力だ。彼らは地球上のあらゆる場所に適応し、さまざまな能力を身につけてきた。姿を変えるもの、異なる種でともに暮らすものまで現れた。そうして一層種数を増やしてきた。

すべての生き物で最初に空を飛んだ昆虫。小さな体で飛ぶため、彼らが生み出した鳥とはまったく違う独自のメカニズムとは？

幼虫から成虫へ。別の生き物のように生まれ変わる〝魔法〟「完全変態」。変態するサナギの中で一体何が起こっているのか？

昆虫はいかにして限りある資源を有効に利用してきたのか？

本章では、最新の科学が明らかにしてきた多様性の王者の驚くべき能力に迫る。今、新しい進化の物語が始まる。

鳥ではありえない昆虫の飛翔の秘密が明らかに

葉っぱや枝から昆虫が今にも飛び立とうとする場面を目にする機会があれば、彼らの脚に注目してほしい。

右、左、右、左、……と脚を交互に上げ下げしていることに気づくはずだ。これは飛び立つ前のしぐさ。足場を確認し、安全だとわかれば、彼らは羽ばたく。

昆虫の9割以上が空を飛ぶ。鳥と異なり、昆虫は、翅も、飛翔力の大きさも、飛び方も、多種多様だ。飛ぶことによって昆虫が生息地を広げ、あらゆる空間に適応してきたのは間違いない（Ⅷ～Ⅹページの口絵⑨）。

細長い翅を持ち、広々とした環境に適応したトンボはスピード重視で、高速飛行で獲物を捕まえる。甲虫は、もともと前部と後部に各2枚の翅を持ち、そのうち前部の2枚の翅を、もとが翅だったとは思えないような硬い「鎧」に変えた。その結果、枝、幹、土などの周りの環境から翅を守れるようになった。飛ぶときは、鎧の下に収められた後部の1対の薄い翅を広げる。

小さな翅を持つハチはこみ入った狭い場所に適応したと言える。小回りがきくおかげで、花のあいだを縫って飛び、花粉や蜜を集めることができる。

近年の研究によれば、昆虫は特殊なテクニックを獲得し、鳥や飛行機とはまったく異なる独自の方法で飛んでいるという。

イギリス・王立獣医大学教授（比較生体力学）のリチャード・ボンフリーさんは、昆虫の飛翔の研究を30年続けてきた。

体の大きさに対する割合で比べると、ハチの翅は、鳥の翼よりかなり小さい（91ページの写真11）。もしハチが鳥と同じ飛び方をしたら、体が重すぎて落ちてしまうことになる。これは「マルハナバチのパラドックス」（ハチは実際に飛んでいるにもかかわらず、飛行機の飛び方の理論上は、ハチは自分の体重を支えるだけの飛ぶ力を発生できない）と呼ばれ、長いあいだ、航空力学者たちの頭を悩ませてきた。

今回、私たち取材班はボンフリーさんとともに、ハチの飛翔の秘密に迫る実験に挑んだ。実験に用いたのは、そのマルハナバチ。ヨーロッパに広く棲息し、丸々とした愛らしい姿で人々に愛されているハチだ。ボンフリーさんの共同研究者、サイモン・ウォーカーさん（イギリス・リーズ大学）が開発した最新鋭の装置を使った。直径3メートルほどのフレームの真ん中に円形のステ

写真11　ハチの体を鳥の体と同じ大きさに拡大してみると、
ハチの翅は体の大きさのわりにかなり小さいことがわかる。画像提供　Shutterstock

ージがあり、それを1秒1万枚の画像が撮影できる超高速度カメラ10台が取り囲む（93ページの写真12）。真ん中のステージにハチを入れ、ハチが飛び立つと自動的に10台のカメラが同時に撮影する仕組みだ。さまざまな角度から撮影することで翅の動きを正確に立体的に捉えることができるのだ。

「この装置を使えば、高速に、そして高解像度でマルハナバチの羽ばたきのデータを集めることができます。ただ真っ直ぐ飛ぶときだけではなく、左右に方向転換するとき、離陸するとき、着陸するときなどさまざまな飛行パターンも記録できます」（ボンフリーさん）

１００倍のスローモーションで、肉眼では見えない羽ばたきを捉えたところ、ボンフリーさんが瞬きを１回するあいだにマルハナバチは27回も羽ばたいていた。１秒間ではなんと１８５回だ。

次に10台のカメラの撮影データをもとに、コンピュータグラフィックスで翅の動きを正確に再現する３D

モデルを作成。羽ばたきを観察すると、翅を単純に打ち下ろすのではなく根元からねじる特殊な動きをしていることがわかる。ボンフリーさんによれば、このねじりが飛ぶ力を生み出すのだという。

一体どういうことなのか。Xページの口絵⑩をご覧いただきたい。これはウォーカーさんが作成した3Dモデルを使って、千葉大学工学部の中田敏是さんがシミュレーションを行った実験結果。シミュレーション上で、煙のように粒子を流してハチが翅をねじる瞬間の空気の流れを可視化したものだ。翅の前の縁に沿って渦ができているのがおわかりいただけるだろうか。

「これが前縁渦《ぜんえんうず》です。渦の内部はその外側に比べて気圧が低くなります。前縁渦は翅の上側の表面にできるため、翅の下側と気圧の差が生じると、翅は気圧の低い上側へ吸い上げられる。こうして昆虫は空を飛ぶのに必要な上向きの力、揚力を得るのです」（ボンフリーさん）

シミュレーションでは渦が発生して消えるまでの時間はわずか1000分の数秒。渦が生み出す上向きの力は一瞬にして消えてしまうため、飛ぶためには常に渦を作り続けないといけない。1秒間に200回近くもの超高速で羽ばたいているのは、そのためなのだ。したがって、もし何かに接触して羽ばたきの回数が減ると、ハチは飛ぶために必要な揚力を失い、落下する（ただしすぐに体勢を持ち直して上昇できる）。

ハチはこの飛び方を手に入れたおかげで狭い空間を飛び回れるようになっただけでなく、空中でピタッと止まって花の状態を見たり、わずか数ミリメートルの小さな花びらに着地したりとい

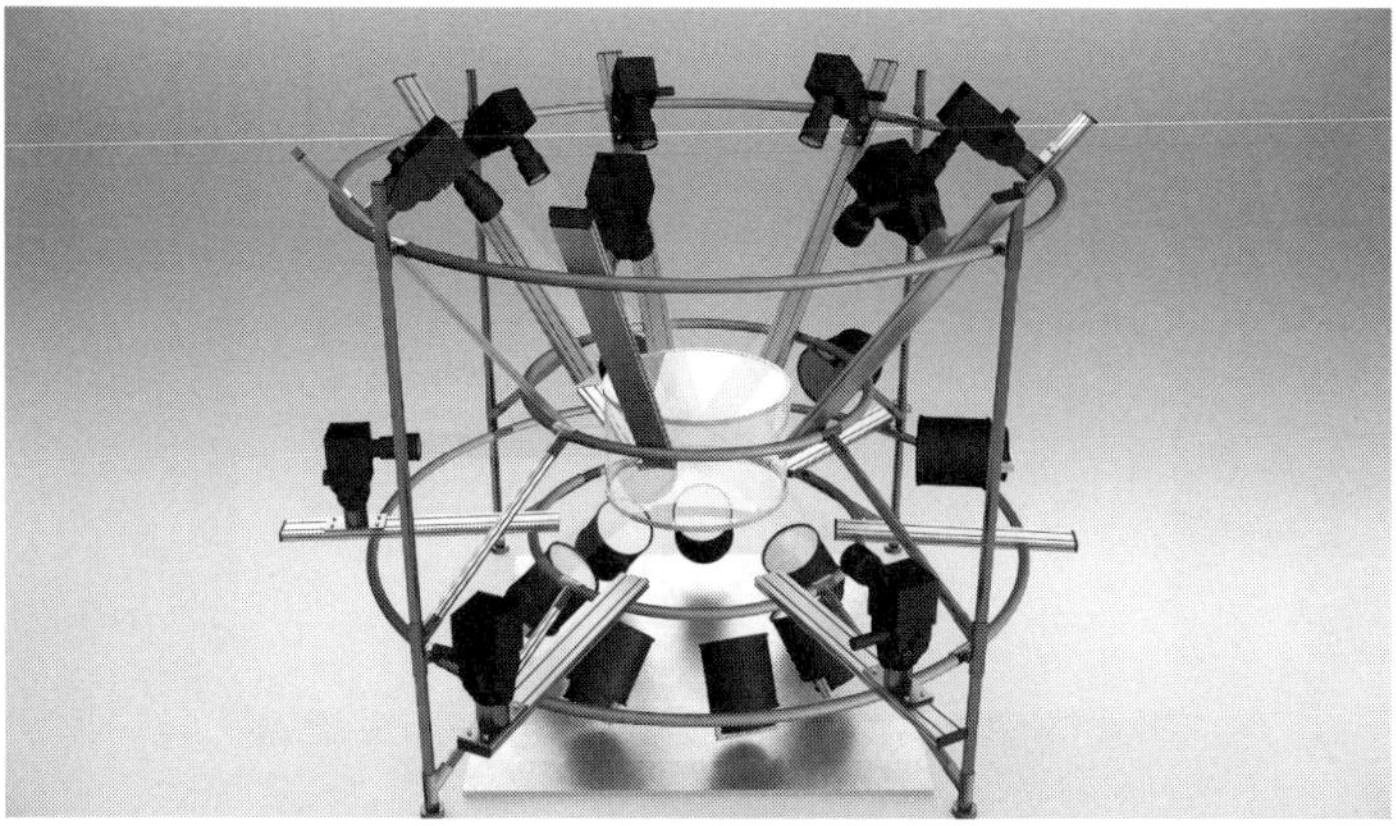

写真12　実験装置は、超高速度カメラ10台によって、
対象となるハチの飛翔の様子をさまざまな角度から捉え、
かつ1秒間に1万枚の画像を撮影できるというもの。

った高度な飛行ができるようになった（Xページの口絵⑨のミツバチ）。

「昆虫の飛行は、現代の科学では一般的ではない、型破りなメカニズムを使った並外れたものです。この飛翔力によって、昆虫は世界のすみずみにまで、適応できるようになったのです」（ボンフリーさん）

普段目にするハチ、チョウ、トンボなど昆虫たちは「当たり前」のように飛んでいるように見える。しかし実際には「当たり前」どころか、とんでもないハイテクを使って飛んでいる。だからこそ彼らはどんな場所にも適応し、棲みつくことができたのだ。

昆虫の祖先が海から淡水域を経て、陸地に現れたのは今から4億年ほど前のこと。私たち脊椎動物の祖先より4000万年ほど早い上陸だった。写真13（94ページ）は昆虫の祖先の最古の化石。現在のトビムシに近い仲間だ。

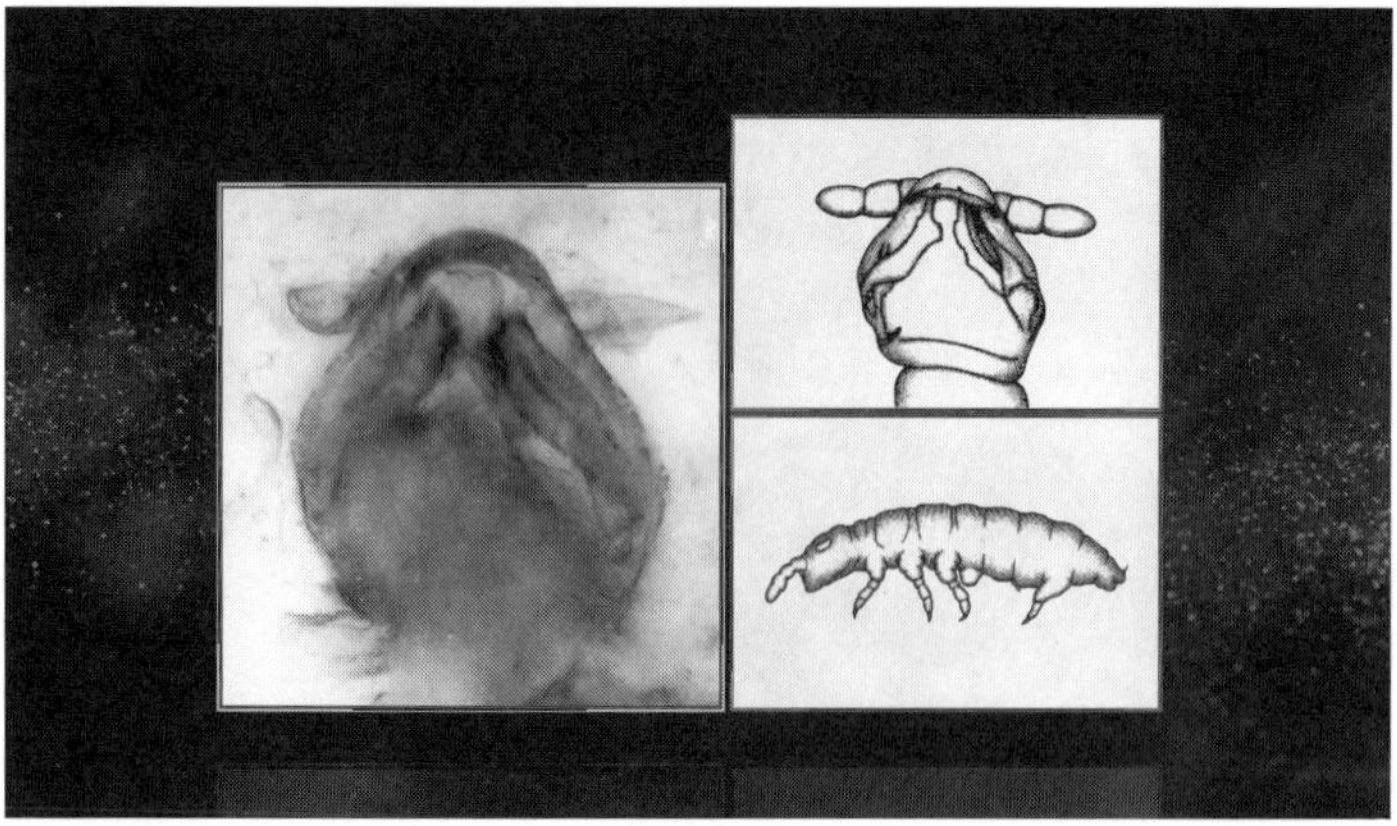

写真13　昆虫の祖先の最古の化石。トビムシに近い仲間。
昆虫が陸地に現れた4億年ほど前、
陸地では、最初の森林が形成され始めていた。画像提供　ロンドン自然史博物館

昆虫が飛び始めたのは今から3億5000万年前頃だと考えられている。陸上進出から数えると約5000万年後のことだ。昆虫はどのような過程をたどって飛ぶようになったのだろうか。

当時、地球には、最初の森林が広がっていた。高さ5メートルにも達する巨大なシダ種子植物（裸子植物でありながら、原始的な花粉を持ち、種子を作る植物。約1億4500万年前から約6600万年前。白亜紀に絶滅し、現存していない）が大地を覆い、その幹を大きさ1センチメートルほどの昆虫が行き来していた。まだ、種類も数もごくわずかで、シダの原始的な花粉などを食べていた。

翅はなく、飛ぶことができないため、歩いて花粉のある目的地まで移動しなければならなかった。途方もない時間、幹や枝を移動中に何度も落下をくり返したはずだ。このとき、より長く、より遠くに飛べたものが、食べ物を得たり、繁殖相手と出合った

り、敵から逃げたりする上で有利になり、生き残っていったに違いない。

鳥が飛び始める2億年も前、誰もまだ空を飛んでいなかった時代、いち早く空中へ進出したのだ。

やがて体を劇的に変化させたものが現れる。初めて翅を手に入れた昆虫だ。飛べるようになった昆虫は上空の開けた場所、誰もいないフロンティアを一気に支配していった。初期の昆虫はトンボ型の翅を持ち、植物の幹や枝、高い場所まで、簡単にアプローチして、安全に食べ物や棲処を得られるようになった――（Ⅷ～Ⅸページの口絵⑨）。

昆虫が翅を獲得する前後の進化については、まだまったくと言っていいほどわかっていない。翅のない昆虫と翅を持つ昆虫の中間段階の化石が、発見されていないためだ。だがとにかく、大まかな流れは以上のようなものだったと考えられている。

昆虫は、地球の生物史上初めて、大空への適応を果たした。これが昆虫独自の進化の始まりだった。

「完全変態」で昆虫の8割は姿形をまったく変える

昆虫が適応したのはもちろん空だけではない。その生息地は、草むら、花畑、森などありとあらゆる環境に広がっている。

たとえばたった1本の草花を見ても、花には、蜜を吸うチョウやハチ、花粉を食べるハナアブやハナムグリがいるし、葉には葉を食べるハムシやバッタの仲間、茎には汁を吸うアブラムシ、そのアブラムシを食べるテントウムシ、アブラムシから汁をもらうアリ、アブラムシやテントウムシに寄生するハチ、それらを狙うカマキリなど、実に多種多様な昆虫が適応している。

硬い「鎧」を身にまとった甲虫は、さらに多種だ。森に暮らしているものだけでも、樹液を飲むカブトムシやクワガタムシ、葉を食べるコガネムシ、幹を削って食べるカミキリムシ、実に穴を開けて食べるゾウムシ……。水辺に目を転じると、水の中のゲンゴロウ、水面のミズスマシ、水際を飛ぶホタル……。例を挙げればきりがないほど、昆虫は地球のあらゆる環境で生きている。

自分の居場所を求め、生息地を広げてきた昆虫。彼らが環境に適応する上で、最も革命的な進化が、短いあいだにまるで別の生き物のように姿形を変える「完全変態」だ。

たとえばオオムラサキというチョウの場合、卵から生まれ、幼虫時代はイモムシとしてエノキの葉を食べて暮らす。何度か脱皮をくり返してイモムシのままで成長。約11ヵ月後、最後の脱皮をしてサナギになり、ほとんど動かなくなる。そして2週間後、名前のとおり紫色の大きな翅を持つ成虫に大変身する。翅だけでなく触角や脚などを備えたチョウになるのだ（XIページの口絵⑪）。これが完全変態だ。

幼虫、サナギ、成虫とまるで別の生き物のように変わる完全変態を行う昆虫は、全体の8割以上におよぶ。

昆虫が完全変態を獲得したのは3億年ほど前と考えられている。翅を手に入れてから約5000万年後のことだ。完全変態は、生物界最大のミステリーのひとつと言っても過言ではない。劇的に変身するサナギの中で、一体何が起きているのか？　子どもの頃、サナギの中を見てみたいと思った方も多いのではないだろうか。そんな、サナギの〝透視〟が最新の科学技術で可能かもしれない。私たち取材班は今回、ふたりの専門家の協力を得て、長いあいだ謎のベールに包まれていたサナギの内部の特殊撮影を試みた。

専門家のひとりは、イギリスのマンチェスター大学教授のフィリップ・ウィザースさん。ウィザースさんは材料科学者で、人工材料や天然素材の性質を研究している。そして今回の実験に使うマイクロCTスキャナーの専門家だ。私たちが体の検査に使うCTスキャナーの場合、一般的な解像度は1ミリメートルほどだが、マイクロCTスキャナーはなんと1000分の1ミリメートルという高解像度。これなら小さな昆虫の体内まで解析できる。

「私は普段さまざまな材料がどのように劣化するのか、亀裂が入るのかなどを研究していますが、今回、サナギの中を覗けることを楽しみにしています。あのぷよぷよとした構造のないものからどのように臓器や翅ができて、美しいアスリートのような生物に変身するのか、ぜひ見てみたいですね。生物に刺激されて、何か新しい人工の材料を作るヒントになるかもしれないと期待しています」（ウィザースさん）

もうひとりはドイツのグライフスヴァルト大学教授で、動物生理学者のフィリップ・レーマンさん。

「私が理解したいのは、昆虫が砂漠から高山までさまざまな厳しい環境にいかに適応してきたかという問題です。彼らは単に生き残ってきただけでなく繁栄もしている。その鍵を握るのが変態です。これまでは昆虫の内部構造を知るには解剖するなど体を傷つけるほかなく、成長過程を時系列に沿って長期的に観察するのが難しかった。今回利用するCTスキャナーのような装置を使えば、内臓などを傷つけずに、体の内部を細かく調べることができます。しかもサンプルを回転させて、3Dで内部の様子を再現し、包括的に全体像を捉えることもできる。異分野の研究者と共同で、変態の謎に迫りたいですね」(レーマンさん)

誰も見たことのない完全変態をマイクロCTでスキャン

今回スキャンするサナギはモンシロチョウの仲間のシロチョウの一種だ。成虫になるまでの10日間の変化を、じっくり時間を追ってマイクロCTでスキャンした(99ページの写真14)。

「誰も見たことのないものを目にするので本当にエキサイティングです」(ウィザースさん)

私たちはスキャンした1万枚を超える画像をもとにサナギの内部を3Dで再現し、時間的な変化を詳細に追った(XIページの口絵⑫)。

しかし、世界初の挑戦は、もちろんそう簡単なことではない。CTスキャンデータは、組織の密度によって器官の境界線を見極め、ひとつひとつの器官を3Dとして構築していく。だが、サ

写真14　サナギの中の変化を追うのに使ったマイクロCTスキャナー。
モンシロチョウの仲間のサナギが、中央の筒状の部分に収められている。
人の体の検査に使う一般的なCTスキャナーの1000倍の高解像度だ。

ナギになったばかりの体は、柔かく、すべての器官がおぼろげで、はっきりした境界線を見つけるのがとてつもなく困難だった。それを、ウィザースさんの研究室にいるマシュー・ローソンさんが手作業で切り分け、レーマンさんが過去の解剖学の論文を頼りに、どの部分がどの器官に該当するかを慎重に判断していった。
　そうして、世界初のサナギの〝透視〟映像ができあがった。

　0日目、サナギになった当日。体を貫くピンク色の部分は、腸だ。体の後ろ半分にあるオレンジ色の部分は動くために使う筋肉。はって移動し食べるのが仕事という幼虫らしい構造だ。全体を取り囲むのは脂肪体と呼ばれる脂肪を貯蔵する部分で、これが成虫の体を作るエネルギーのもとになる（脂肪体は画像では可視化されていない）。

3日目、劇的な変化が見られた。頭に見える黄緑色の部分、脳だ。昆虫にも脳があるのだ。まず脳が格段に大きくなった。幼虫と比べて、成虫は花や繁殖相手を見分けるための視覚や、敵から身を守ったりするための判断力が必要になる。そのための準備だろう。その脳から体の底部に沿って後方へと触角が2本伸びる（黄色の部分）。触角の付近には折りたたまれた脚（青色）、体の底部の中央に沿ってストローのような口（紫色）も見える。

ここでレーマンさんが特に驚いたのは、胸に現れた赤く「色づけた」組織。それは飛ぶための筋肉、飛翔筋だった。レーマンさんは、翅ができるのは、もっとずっと後だということを知っていた。そのため、飛翔筋がこんなに早くできるとは想像もしていなかったのだ。

「翅が形成されるより前に、飛行のための筋肉がすでに現れていたのです。成虫にとって非常に重要である上、大がかりに作り変えるので、かなり早い段階から作り始める必要があったのです」（レーマンさん）

6日目、飛翔筋は、わずか3日間で胸の大部分を占めるほど巨大になった。こんなに短期間に（しかも何の運動をしなくても）立派な筋肉が発達するなんて、人間では考えられないことだ。そして飛翔筋より遅れて、大きな翅が誕生した（水色）。

8日目、腸の後ろに細い管が出現した。水分や養分をこしとる器官、マルピーギ管だ。花の蜜を摂取する成虫の内臓ができあがった。

9日目、羽化の前日に成虫の体が完成した。

脳や飛翔筋など重要な臓器はごく初期から作り始め、内臓は幼虫の腸を利用して最後に仕上げる。まるで緻密な設計図に従って精密機械を作るかのように、10日間という時間の中で、見事におとなの体に作り変えていくのだ。昆虫4億年の進化の中で革新的な発明だった完全変態は、爆発的に種の数を増やすきっかけを昆虫にもたらした。

ウィザースさんはモンシロチョウが「素晴らしい工学技術を利用している」と感じたという。

「サナギは、一時的な構造にもかかわらず非常に高度に設計されています。もちろん、人間の体はもう少し長持ちするように設計されているため構造と戦略は異なりますが、昆虫の変態には材料科学のヒントが詰まっています」（ウィザースさん）

たとえば、完全変態しないバッタやカマキリの場合、生まれたときからその形態は成虫とほぼ同じだ（翅がないことを除いては。成虫と同じような姿のまま脱皮をくり返して成長し、最後の脱皮で翅が生えた成虫になる。これを不完全変態という）。成虫と幼虫はほぼ同じ場所に棲み、同じものを食べる。こうした昆虫は、棲む環境が限られるので、種数も限られている。

一方、完全変態する幼虫は、どんな場所にも潜りこめる。土に潜り、木や葉が分解された腐葉土を食べるカブトムシの幼虫。朽ち木を食べて掘り進みながら成長するコクワガタの幼虫。葉っぱの内側に入りこみ、葉を食べながら成長するハエの幼虫。イモムシ型の幼虫は、成虫と同じような姿では動きがとれないような、木、朽ち木、土、葉、実などあらゆるものの中へ入りこめる。そして種ごとに細かく棲み分けて、安全に餌を得て、速く成長するのだ。

たとえば、ゾウの鼻のように細長い口吻を突き刺して主に実に穴を開けて食べるシギゾウムシの仲間は、日本国内だけで57種も確認されているが、それぞれの種の幼虫は異なる特定の植物に棲んでいる。植物の種類で棲み分けることで競合を避けるよう進化してきたのだ。

現在100万種あまりいる昆虫の中で、完全変態をする種は実に89万種。昆虫独自の適応戦略によって、他の生き物にはない圧倒的な多様性を実現したのだ。

アリの一家に居候する不思議な昆虫たち

昆虫は地球上に100京匹いると見積もられている。100京は1兆の100万倍。世界人口は80億人だから、昆虫は人間の1億倍以上、地球の陸地面積を約1億5000万平方キロメートルとして計算すると平均すれば1平方メートルに6600匹あまり（上空・地下を含む）いることになる。

昆虫がこれほど数を増やせた背景に、ここまで述べてきた飛翔力や完全変態など、適応ができる特殊な能力がかかわっているのは間違いない。しかし、見落としてはならない重要な要素がある。それは〝昆虫は小さい〟ということだ。

「いや、大きな虫もたくさんいる」と思われる方もいらっしゃるだろう。たしかに30センチを超える昆虫もいる。しかし大半の昆虫は数ミリから数センチだ。日本で最大級の昆虫といえばオオクワガタだが、体長は10センチ足らず。小さい分、食べ物は少ない量で、棲む場所も狭い空間で

写真15　ブラジルで撮影された地下のアリの巣の様子。巣は体長1センチのハキリアリが作った。丸いのが部屋で、細い筒状のものが廊下の役割のトンネル。深いところで地下5メートル、巣全体の大きさは直径10メートルにも達する。映像提供 CMSFILMS/Wolfgang Thaler

済む。資源を分け合って数多く暮らせるのだ。

そうして小さな昆虫が進化する中、９０００万年前、人間顔負けの社会を作って、爆発的に種を増やした昆虫が現れる。

上の写真15は、ブラジルで撮影されたアリの巣の調査の様子だ。丸いのが部屋で、部屋同士をつなぐ細い筒状のものがアリたちが通るトンネル。深いところで地下5メートル、巣全体の大きさは直径10メートルにも達する。

この巣を作ったのは体長1センチのハキリアリ。ハキリアリは葉を切り取って巣に運び、キノコ（菌）を植えつける。キノコを育て、食料にしているのだ。ハキリアリは「農業をするアリ」として知られている。

ひとつの巣になんと１００万匹も暮らす。それぞれのアリは、行列を敵から守る係、葉をカットして運ぶ係、キノコの世話をする係などの役割を分担している。アリは複雑な社会を作ることで、大集団での暮らしを可能にするよう進化したのだ。

そんなアリの巣の中に、究極の適応を遂げた未知の昆虫がいる。

2022年6月、私たちは九州大学の研究チームに同行して、カメルーン共和国に向かった。研究チームを率いるのは九州大学総合研究博物館准教授の丸山宗利さん。生物間の類縁関係を体系づける系統分類学者で、国内外を飛び回り、次々と新種を発見している。

丸山さんらが今回調査するのは世界一の大集団を作るサスライアリだ。その圧倒的な数で、あたり一面の生き物を狩りつくす。人間にさえ襲いかかるため、現地の人には「人食いアリ」と恐れられている。

常に移動しながら暮らしているため、探すのは容易ではない。といっても調査の対象はサスライアリそのものではない。

「すごく小さい1ミリぐらいのやつです」(丸山さん)

その昆虫は滅多におもてに現れない。実態もほとんどわかっていない。

「潜水艦で深海の深いところを探索するのと同じような、誰も見たことのない世界がここにあります」

丸山さんらの真の狙いは、サスライアリの群れに勝手に棲みついている、いわば「居候」だ。

丸山さんは昼間にもかかわらずヘッドライトをつけ、「命とパスポートの次に大事な道具」と

写真16　昼間でもヘッドライトをつけ、「吸虫管」を口にくわえ、サスライアリの行列の前でじっとそのときを待つ、九州大学総合研究博物館准教授の丸山宗利さん。探しているのは、アリと暮らす、1ミリくらいしかないハネカクシという昆虫だ。

語る「吸虫管」を握りしめ、地元の人の協力で見つけたサスライアリの行列の前に陣取った（上の写真16）。吸虫管はその名のとおり、昆虫を吸って捕獲するための、容器に2本の管がついた道具。片方の管をくわえ、もう片方の管の口を狙いの虫に近づけて吸引し、途中の容器に落とす仕掛けだ。

アリは途切れることなく続々と前を通り過ぎる。時折、卵や幼虫を運ぶ働きアリの姿が見える。広大なジャングルに座りこみ、ひたすら下を向いて黙々と待つ中、

「いた！」

と丸山さんが小さく叫び、管の先を列に差しだしたかと思うと、すぐに引っこめた。サスライアリは進行を邪魔されると怒って集団で襲ってくるので、刺激しないように一瞬で吸い取らなければならないのだ（実際、撮影クルーも何度も噛みつかれ、痛い思いをした）。

居候は立て続けに来ることもあれば、1匹も来ないまま何十分間が過ぎることもあった。行列は10時間経っても途絶えず、日が暮れて真っ暗になっても丸山さんらは居候を集め続けた。

その居候の名は「ハネカクシ」。甲虫の仲間で、「鎧」のような短い翅が、その下に飛ぶための翅を器用に折りたたんで隠していることが名前の由来だ。世界中に約6万5000種と種の数が多いことで知られているが、毎年数多くの新種が発見され、いまだ全容が明らかになっていない。採集したハネカクシを見せてもらうと、同じ仲間の昆虫とは思えないほど実に多様な姿をしている（107ページの写真17）。多くは数ミリの小さな昆虫だが、細くて極小のもの、形は同じでも大きさが違うもの、しずくのような形をしたもの、お腹を持ち上げて歩くもの。ひとつのアリの群れに100種ものハネカクシが棲むこともあるという。

これらのハネカクシのように、アリの集団に交じって暮らす昆虫は「好蟻性昆虫《こうぎせいこんちゅう》」と呼ばれる。好蟻性昆虫の目当ては、主に棲処と食べ物のおこぼれだ。

しかし、アリと一緒に暮らせるというのは、実はとても不思議なことだ。

ほとんどのアリの群れでは、同じ巣に暮らす個体はみな同じ女王アリから生まれたひとつの家族で、その絆は強く、おたがいに食べ物を分け合い、いたわり合う。驚くことに、1万種以上いるアリの、しかも家族ごとに異なる匂いを持ち、触角で匂いを嗅げば瞬時に家族かどうかが判断できる。家族でなければ襲われ、時には食べられてしまう。アリは非常に排他的な昆虫なのだ。

それなのに、なぜ居候たちは一緒に暮らせるのだろうか？

写真17　同じ仲間の昆虫とは思えない多様なハネカクシ。
左上から時計回りに、しずく型、アリに擬態したアリ型、三葉虫型（今回の調査で50年ぶりに発見された）、ナナフシ型（同じく50年ぶりの発見）。

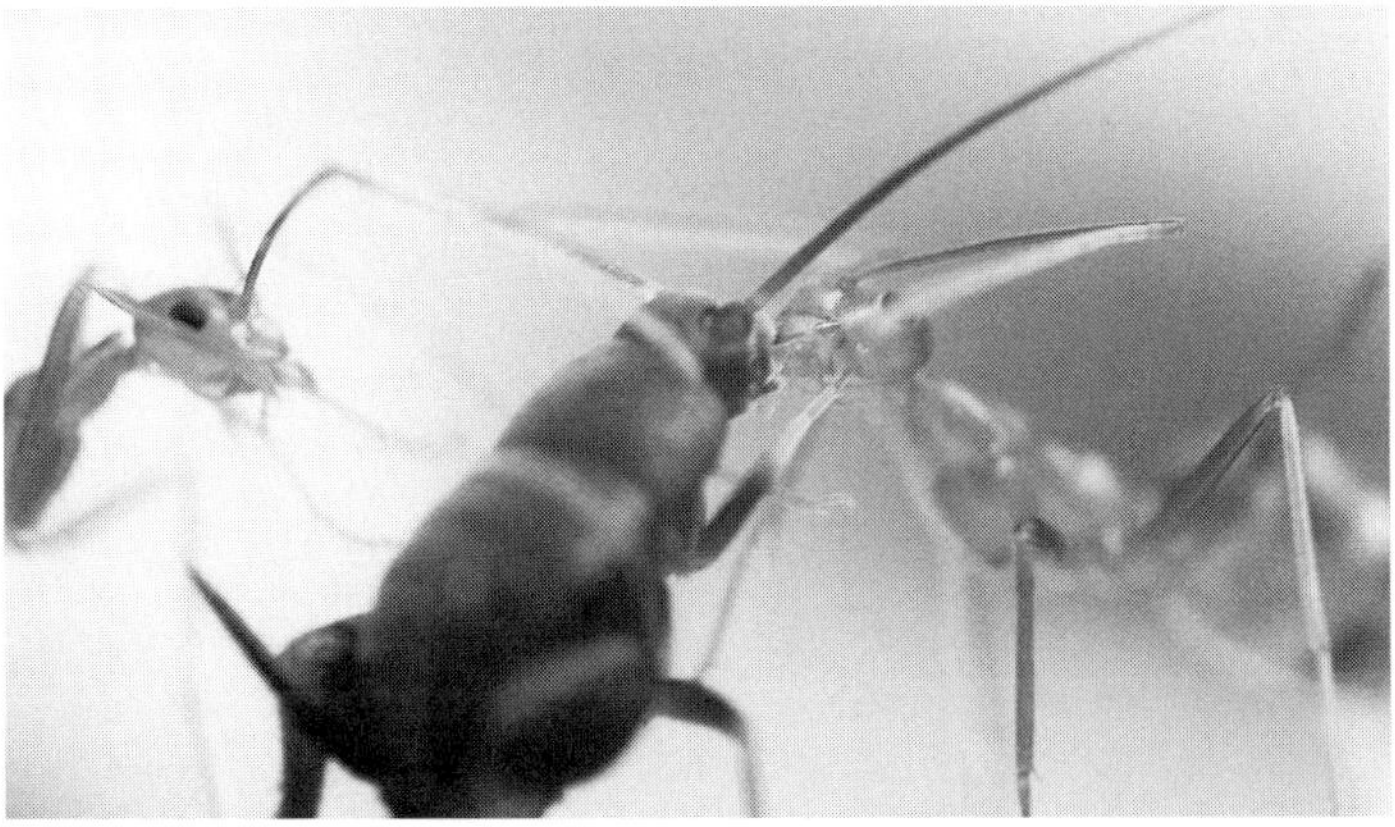

写真18　居候のシロオビアリヅカコオロギに口移しで食べ物を与えているアシナガキアリ。
コオロギはアリの体から匂い物質を舐めて、体中にこすりつけることで
家族の一員のふりをしている。

その理由は、好蟻性昆虫がアリをだますテクニックを進化させたからだ。

たとえば日本に、アシナガキアリというアリの巣だけで暮らすシロオビアリヅカコオロギというコオロギの仲間がいる。シロオビアリヅカコオロギはアリにそっと近づき、アリに気づかれないうちに体の表面の「匂い物質」を舐め取り、脚を巧みに動かして全身に塗りつける。そうしてまんまとアリの家族になりすますのだ。そうとは知らないアリはコオロギのおねだりを受け入れて、口移しで食べ物を分け与えることまでしてしまう（107ページの写真18）。

このときコオロギは、さらに巧みにアリになりすます。アリ同士で食べ物をせがむ際には、触角を素早く動かして相手をトントンとたたく。しかしコオロギの触角は長く、アリのようには動かせない。そこで触角の代わりに前脚で、アリが触角でするのと極めて同じリズムでトントンとたたくのだ。真っ暗な巣の中で匂いも行動もアリになりきる。その結果、シロオビアリヅカコオロギは、もはやアシナガキアリからの口移しでしかものを食べることができなくなってしまった。まさに究極の適応だ。たった1種のアリに適応して、他のコオロギとはまったく違う進化をしたのだ。こうした片方だけが恵みを受ける関係は「片利《へんり》共生」と呼ばれる。

アリの匂い物質を奪い取って自分の体につける方法は「化学隠蔽」と呼ばれる。他にも、匂い物質を自分で作り出しアリをだます「化学擬態」と呼ばれる方法もある。何の匂いも持たず、存在を消すパターンもあると言われる。アリがこうした多種多様な居候を抱えていけるのは、アリの社会が極めて安定し、生活に余裕があるからだと考えられている。居候はアリに対して圧倒的に数が少ない。アリにとって、少数の敵を排除するシステムを作るのは無駄が大きい。だから勝手に棲みつかれても、されるにまかせているのかもしれない。

居候側にしてみれば、アリの集団に入りこむことに危険性はあっても、アリをだましたり存在を消したりなどしてとにかく中に入ってしまえば、エサのおこぼれや棲処を得られるだけでなく、最強のボディガードまで手に入れることができる。なのになぜ居候各種の個体数は少なく、爆発的に増えないのか。丸山さんによれば、アリの巣の中の資源量にも限りがあるため、居候の種のあいだで厳しい競争があるのかもしれないものの、はっきりしたことはまだわからないという。まさに深海と同じように、未知の世界が足元に潜んでいるのだ。

最新の研究によって、アリもまた、居候から恩恵を受けているケースもあることがわかってきている。

一生を地下で暮らすミツバアリの巣に適応したのが、その名も「アリノタカラ」という体長1ミリほどの昆虫だ（111ページの写真19）。カイガラムシの仲間で丸くふくらんだほうが頭。目はなく、自分ではほとんど移動することもできない。代わりにミツバアリがアリノタカラをくわえて、草の根まで運んでくれる。アリノタカラはその根から出る汁を吸って生きている。

一方、ミツバアリも、アリノタカラに命をゆだねている。アリノタカラは汁を吸って余った糖分を排出する。それが、ミツバアリの主食なのだ。

ミツバアリもアリノタカラも、おたがいがおたがいなしには生きていけない。このようにたがいに相手に適応して進化した関係は「絶対相利共生《そうり》」と呼ばれる。その関係の深さを象徴するできごとがある。ミツバアリが唯一、地上に出るときがある。新女王が新しい自分の家族を作るため、巣を飛び立ち、オスを探すときだ。このときだけ翅を持つ。この時期、巣の中はピカピカの翅を持つ新女王とオスであふれる。地上に向かう前、新女王はアリノタカラを1匹だけくわえる。そしてそのまま地上に出て、飛び立つ。生まれ育った巣を離れ新天地で生きていくためのパートナーとして連れていくのだ（XIIページの口絵⑬）。家族でもない。種さえ違うのに、世界中の誰よりも大切な相手という不思議。そして新しい場所で、たがいに1匹から、再び何千、何万という大家族を作っていくのだろう。

「本当に底知れない多様性があることを実感します。それぞれにかかわりを持っていて、それで生態系ができあがっているということは間違いありません。しかしどの生き物がどれだけ重要かというのは、全然わかっていないのです。そういう目で見ると、どれもすごく美しくて、尊いものだと感じます」（丸山さん）

渡り虫の大移動が植物や動物に与える恩恵

地球のあらゆる環境に適応して進化してきた昆虫たち。最新の研究は、その昆虫の適応力によって、逆に地球環境が支えられていることを明らかにしつつある。

イギリス・エクセター大学上級講師で、生物学が専門のカール・ウットンさんは、毎年数百万

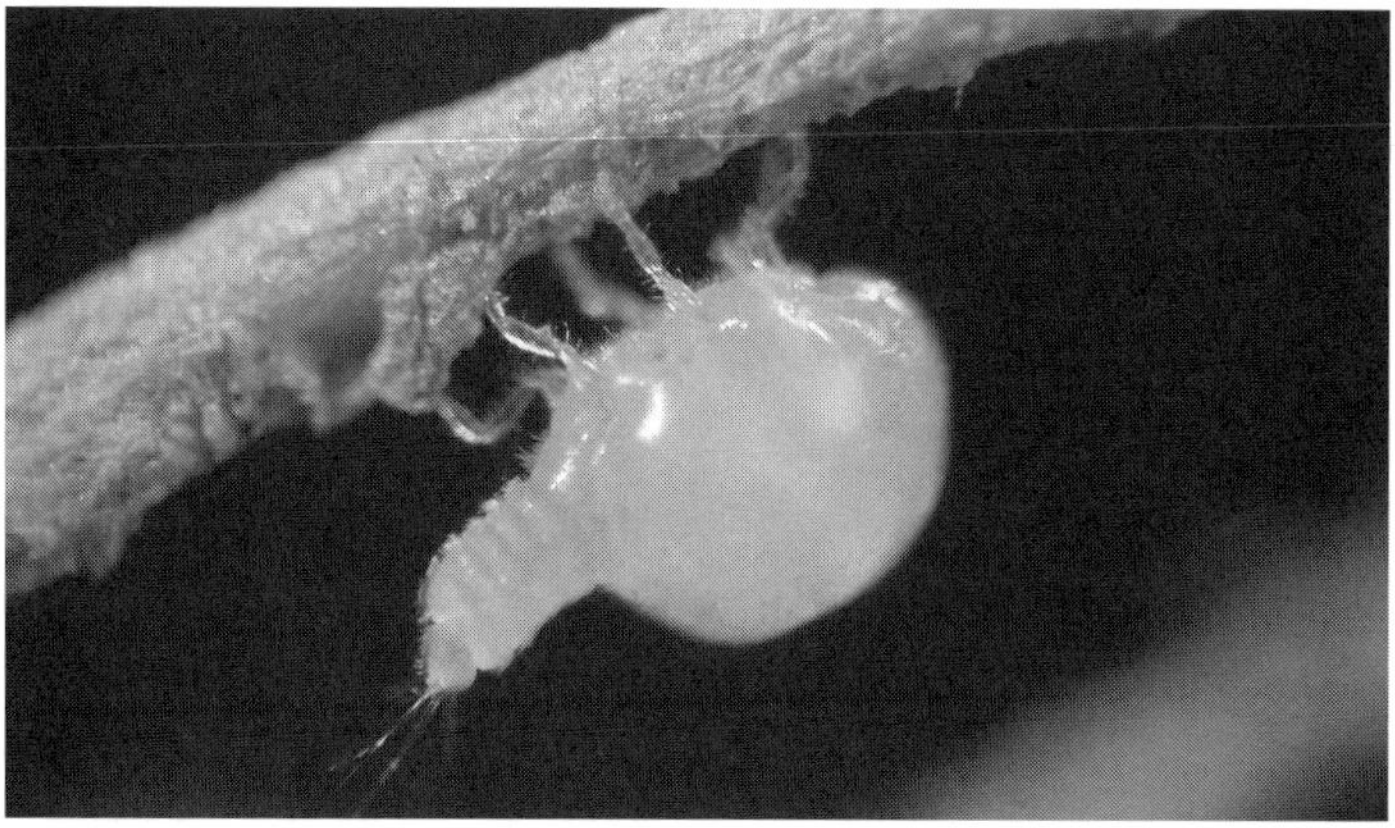

写真19　ミツバアリの巣に暮らす体長1ミリほどの昆虫、アリノタカラ。
丸くふくらんだほうが頭で、目はない。草の根の汁を吸い、
排出した糖分がミツバアリの唯一の食べ物となる。

写真20　渡り虫のハナアブ。数百万匹もが、ピレネー山脈を越えて最長2000キロも移動する。
ハナアブが運ぶ花粉の数は、推定30億から190億個にもなり、
広大な地域での植物の交配を手助けしている可能性がある。

匹ものハナアブが、フランスとスペインにまたがる標高2300メートルのピレネー山脈を越え、最長2000キロも移動をしていることを突き止めた。ハナアブは体長1センチほどで、植物の受粉を助けたり、虫や鳥などの食べ物になったりと、生態系で重要な役割を果たしている昆虫だ（111ページの写真20）。ヨーロッパ北部では、毎年5月頃どこからともなくハナアブが現れ、さまざまな作物の受粉を助けてくれる。農家にとっては、ミツバチと同じくらい大切な存在だという。しかし、それほど重要な存在にもかかわらず、ハナアブがどこから来るのか、ウットンさんが調査を始めるまでは、まったくわかっていなかった。

寒さに弱いハナアブは、地中海沿岸などヨーロッパ南部で冬を越す。春、花の季節に合わせて北へ移動し、植物の受粉を手助けしながら、世代を重ね、数を増やす。そして秋、再び南に下る。イギリス南部では年間で10～40億匹ものハナアブが行き来しているという。

ハナアブ1匹当たりの体は小さい。しかし全体の数は膨大だ。

「圧倒的な量のバイオマス（生物資源量）の移動です。花粉や蜜の他、アブラムシなどを食べるハナアブの大移動は、おそらくヨーロッパ全体の植物、特に農作物に大きな影響をおよぼしているでしょう」（ウットンさん）

調査では、ハナアブ全体で移動中に運ぶ花粉の数は、推定30億から190億個にもおよぶ。ハナアブがいなければ出合うことのない、遠く離れた北と南の植物の交配までも、手助けしている可能性がある。

「ハナアブは移動のあいだも、花粉をつけています。数百キロも北から、運んできたものかもしれません。植物の遺伝的多様性や繁殖に大きく貢献しています」

花に合わせて子孫を残そうとするハナアブの、季節への適応が、生態系や人の生活を人知れず支えているのだ。

毎年2・5%のスピードで昆虫が姿を消している

さらに、ある昆虫が、地球の気候変動から環境を守る、重要な役割を持つこともわかってきた。その昆虫とは、日本では害虫として嫌われがちなシロアリだ。シロアリは、2億年前に現れたどちらかと言えば原始的な昆虫。熱帯から乾燥地帯まで、世界中に広く棲んでいる。

イギリス・リバプール大学の熱帯生態学者、ケイト・パールさんは、マレーシア・ボルネオ島の熱帯雨林で、50メートル四方の区画を作ってシロアリを取り除き、シロアリがいるエリアといないエリアを比べる調査を3年間行った。

その結果、ひどい干ばつが発生した年、シロアリのいるエリアは、いないエリアに比べて、土壌の水分量が3割以上も多いことが明らかになった。さらに幼木の生存率が5割も高かったという。

「干ばつが発生するとは思いもよらず、実験に悪影響が出るのではと心配しました」(パールさん)

しかし、結果的にはこの干ばつがパールさんたちに貴重なデータをもたらした。

写真21　採取された地面のコア。
シロアリがいるエリアのコア（左）には、無数の微細なトンネルが張りめぐらされている。
シロアリを取り除いたエリアの右側のコアにはそれが見られない。データ提供 Kate Parr

なぜ、これほど大きな違いが生まれたのか？　パールさんは、シロアリの役割を調べるために、地面のコア（土壌を採取器でくりぬいたもの）を採取した。CTスキャナーを使い、コアの中を見てみると、シロアリがいるエリアのコアには、無数の微細なトンネルが張りめぐらされていた（上の写真21）。シロアリが、地下を移動するために作ったものだ。トンネルの直径は細いもので2ミリしかない。この微細なすき間に、雨季には水が浸透し、水分が蓄えられ、それが干ばつのときに放出され、植物の水源になったと考えられるという。

「シロアリは、干ばつなど地球の気候変動から森林生態系を守る、緩衝材の役割を果たしています。これほどの回復力を生態系に与えるのはシロアリにしかできません」（パールさん）

4億年も前から、あらゆる環境に適応し、地球を支えてきた昆虫。その地球環境を、わずか500万年前に誕生した私たち人類は、破壊し続けている。昆虫のほとんどは、まだ発見されておらず、実際の種数は400万とも1000万とも言われる。どの種が、どんな役割を果たしているのか。まだまったくと言っていいほどわかっていない。そんな中、人間の活動によって、毎年2・5%のスピードで、昆虫が姿を消しているという。

飛翔、完全変態、異なる種同士の共生、地球規模の生態系を支える働きなど、昆虫が身につけてきた驚異の能力の解明は、まだ始まったばかりだ。しかし、最先端科学のおかげで、昆虫もまた植物と同様、私たちに新たな〝地球のルール〟に近づく手がかりを与えてくれている。

この後、研究者たちがどうやって昆虫の謎の解明に近づけたのか、昆虫の秘められた力に触れてどう感じたかなど語っていただいた。そして第3章では、植物、昆虫、そして人間も含め、あらゆる生き物を見えざる生態系のネットワークでつなぐ微生物の世界に迫る。

インタビュー 1

なぜ、昆虫は独特な飛び方ができるのか

最新のデジタル技術が捉えた昆虫の飛翔

王立獣医大学比較生体力学教授

リチャード・ボンフリー

航空機エンジニアらが100年近く前に提示した「マルハナバチのパラドックス」によれば、航空機の理論上マルハナバチは飛べるはずがないという。しかしマルハナバチは実際に飛んでいる。

そもそも昆虫はどのように飛んでいるのか。この謎に挑んでいるのが、昆虫の飛翔の原理

を工学的に研究するリチャード・ボンフリーさん。その研究から明らかになったのは、飛行機とも鳥とも異なる昆虫独特の飛び方だった。

ウインドサーフィンと昆虫の飛翔の仕組みの共通点

私が生まれ育ったのは、アイザック・ニュートンの生誕地として知られるイギリス東部の町グランサムです。私もこの天才物理学者が通ったのと同じ地元小学校に通いました。当時その学校で物理学の教師を務めていたのが私の父です。そんな事情もあり、小さい頃から物理学に親しみがありました。

物理学の中でも特に興味を引かれたのが、空気がどのように流れ、物体にどんな影響をおよぼすかを研究する空気力学と呼ばれる分野です。子どものときの趣味がウインドサーフィンで、セイルボードの帆が風を受けて前に進んだり、ハンドル操作で方向転換したりする仕組みが面白かったのです。

昆虫を対象に研究を始めたのは大学院の博士課程からです。そのきっかけは、学生募集の広告でした。「空気力学によって昆虫の飛翔の仕組みの解明をめざす。進学予定の学生で、興味のある者は当研究室に来たれ」といった内容です。

この広告をひと目見て、昆虫の翅と、セイルボードのリグ部（風を受ける部分。ボードの上に取りつける）には共通点があるとピンときました。翅の前方の縁である前縁と帆を立てる柱であるマスト、翅を支える中空の筋である翅脈《しみゃく》と帆を張る骨組みでマストとつながるバテンは、それぞれよく似ています。趣味のウインドサーフィンや、その基本的な知識が、科学的な謎の解明に応用できる可能性を感じてワクワクしました。

それ以来、昆虫の飛翔の仕組みを研究していますが、今ふり返れば、ちょうどいいタイミングで、この分野に入ったと思います。というのもデジタル技術によるビデオ撮影が可能になったのが、私が博士課程に進んだ頃だったからです。それ以前は、暗室で何時間もかけてフィルムの現像をしたり、アナログ映像の中から有意義な現象を見つけ出すのに何日もかけたりする必要がありました。しかしデジタルビデオを使えば、こうした忍耐を要する作業をかなり軽減できます。私たちはこのデジタル技術をフルに活用して、昆虫の飛行の空気力学的な仕組みを明らかにしてきました。

その一端をご紹介しますが、その前に「マルハナバチのパラドックス」に触れておきたいと思います。マルハナバチとは、ミツバチに比べて大きく丸々とした体に、ふさふさの毛、短めの翅を持つハチで、ヨーロッパでは広く親しまれている昆虫です。

1930年代に、このパラドックスは生まれたと考えられています。フランスの昆虫学者アントワーヌ・マニャンが何かの話し合いの場でマルハナバチの翅の動かし方を説明したのに対して、空気力学を専門とするエンジニアが翅の構造や飛び方を単純化した上で計算したところ、

「マルハナバチの翅は小さすぎて、自分の体重を宙に持ち上げられるほどの揚力を生み出せない」と指摘しました。つまり、マルハナバチは空気力学上、飛べるはずがないというのです。しかし実際にはマルハナバチはただ飛ぶだけではなく、空中で止まったり、急旋回したりなど、とても上手に飛びます。後の科学者の多くがこのミステリーに引きつけられ、昆虫の飛翔の謎の解明に取り組み始めました。私もそのひとりです。

長年の研究者たちの努力で、昆虫の飛翔についてすでにさまざまな知見が得られています。その中で最も画期的な成果のひとつは、「前縁渦」の発見でした。前縁とは前に述べたとおり翅の前方の縁のことです。昆虫が翅を打ち下ろすとき、この前縁に沿って空気の渦ができます（Xページの口絵⑩）。

この渦は飛翔にどんな役割を果たしているでしょうか。洗面台やバスタブにたまった水を抜くところを想像してみてください。栓を引き抜くと、渦ができます。渦の中心部分は、その外側に比べて水圧が低くなります。だから水は上から下へ落ちていくわけです。

翅の前縁に沿って作り出される渦の内部も、その外側に比べて気圧が低くなります。この前縁渦は翅の上側の表面にできるので、翅は気圧の低いほうへ吸い上げられる。前縁渦の働きによって、翅が下側から、まるで小さな風船で持ち上げられるかのようにして十分な揚力を得て、昆虫は飛ぶことができるわけです。

先に紹介したマルハナバチは理論上飛べないと指摘した１９３０年代のエンジニアは、旧来の空気力学の知識で、前縁渦のように翅から少し離れたところで巻き上げられる空気の流れを考慮せず、翅に接する空気の流れしか考えていなかったので、マルハナバチは自重を支えられるほどの揚力を生み出せないという結論にいたったわけです。

最新技術が可能にした昆虫の自由な飛翔の観察

前縁渦が発見されたのは1990年代後半です。それ以降も昆虫の飛翔の仕組みに関する報告が相次ぎました。しかし、残念ながら過去の研究のほとんどは、昆虫の胸部を固定器具で留めるなど拘束した状態で羽ばたきの観察をしていました。これでは、自然界で昆虫がどんな飛び方をしているのか、正確なところがわかりません。そこで私たちのチームでは、昆虫をなるべく拘束せず、自由な状態で飛んでいる姿を観察することにしました。

まず用意したのは風洞です。風洞は人工的に空気の流れ、つまり風を発生させて、その中の物体がどういう力を受けるかなどを調べる装置で、自動車や飛行機の開発に欠かせません。私は昆虫に自由に飛んでもらうために50センチ×50センチの風洞を作りました。

それから虫取り網を手に公園に出かけました。次々と虫を捕まえては研究室に持ち帰り、無害な煙を発生させた風洞の中で虫たちに飛んでもらいました。煙を使うのは空気の流れを可視化するためで、空気力学の実験ではお馴染みの手法です。

当時の下宿先の冷蔵庫に捕まえたガを保存しておいたところ、研究室に持っていく前に同居人に見つかってしまい、驚かせたこともありました。ガの他、チョウ、トンボ、ハエ、そしてもちろんハチも捕まえて実験に用いました。

ありがたかったのは、農作物の受粉用にマルハナバチでいっぱいの巣が売られていたことです。これを利用しない手はありません。マルハナバチを大量に仕入れることができたおかげで、彼らを訓練して風洞の中で決まったルートを飛んでもらえば、実験がしやすくなることに気づきました。片方に巣、もう片方に花粉を置き、煙の中で巣から花まで飛ばせ、その飛翔の様子を、1秒間に2000コマの画像を撮影可能な高速カメラで捉えました。

この実験で大変だったのは、彼らがしょっちゅう逃げてしまうことです。蚊帳で囲って閉じめておくのですが、それを噛みちぎって抜け出すのです。毎朝、私が実験室に到着して最初の仕事は、虫取り網で、50匹ほどのマルハナバチを捕まえて蚊帳の中に連れ戻すことでした。

苦労してデータを集めた結果、やはりマルハナバチも他の昆虫と同様、前縁渦をうまく利用して揚力を得ていることがわかりました。意外だったのは、マルハナバチが、空気力学的には非効率的な飛び方をしていたことです。

左右の翅を連動させればもっと効率的な飛び方ができるにもかかわらず、彼らはまるで左右で別の生き物であるかのように翅をバラバラに動かしていたのです。

ある意味、無駄な羽ばたき方が可能なのは、彼らが大きな胸部を持ち、栄養価の高い蜜をエネルギー源として利用できるからでしょう。なぜそのような飛び方をしているのかについてははっきりしませんが、効率を犠牲にする代わりに高度な操作性を得ているのかもしれません。

昆虫は地球上で最初に空を飛んだ生物です。昆虫の先祖は、今日のトンボに近い姿形をしていたと考えられています。その後、彼らはどんどん小型化していきました。それにもかかわらず環境を感知する機能、生殖機能、翅を羽ばたかせる機能、歩行機能、消化機能などを維持している。あの小さな体にこれだけの機能を収めているのは驚くべきことです。

小型化した分、ニッチ（生活環境）が増えました。庭や小さな公園で適当に捕まえた昆虫2匹がたいていの場合違う種類なのは、昆虫たちが信じがたいほど多様化し、狭い空間を有効利用している結果なのです。

私たちはまだ昆虫の多様性のほんの一端しか明らかにできていません。マルハナバチについても、突風に見舞われたとき、あるいは天敵に来襲されたとき、どう飛行を制御しているのかなどわからない点はいくつもある。マルハナバチのパラドックスは解決されましたが、昆虫の飛翔の謎はまだ解けていません。私はこれからもさまざまな昆虫について、それぞれどんな空気力学を利用しているのか研究するつもりです。

インタビュー 2

種の違う昆虫の共生に進化を促す力を見た

アリと暮らすハネカクシがくり出す生存戦略

九州大学総合研究博物館准教授

丸山宗利

ＮＨＫ取材班は今回、丸山さんのアフリカ・カメルーン調査旅行に同行した。調査の目的はサスライアリの巣にいるハネカクシの採集。手作りの吸虫管で次々とハネカクシを捕まえる熟練技に一同、目を見張った。

ロケの合間に丸山さんが「おお！」と驚きの声を上げ、急いで駆けつけると、まだ誰も詳しく調べていない珍しいハネカクシを学生が見つけたところだという。「深海と同じようにアリの巣の中には未知の世界が広がっている」と語る丸山さんにとって、吸虫管は深海艇のロボットアームのようなものかもしれない（105ページの写真16）。

人類未到の昆虫の世界を探検するばかりか、『アリの巣をめぐる冒険』（東海大学出版会）や『昆虫はすごい』（光文社新書）をはじめとする、一般向けの著書が支持される丸山さんに、あらためて共生とは何なのかを語っていただいた。

生き物の共生は面白い！　で研究をスタート

子どもの頃、釣りで引っかかったナマコの体からカクレウオという細長い魚が飛び出しているのを見つけたことがあります。それより少し前に読んだ図鑑でナマコとカクレウオが共生関係にあることは知っていたのですが、別の生き物同士が一緒に暮らすことが本当にあるんだと衝撃を受けました。今から思えば、これが共生の面白さに引きつけられた最初の体験です。

もともと生き物全般が好きでしたが、大学生になってからは昆虫にのめりこみました。大学3年の頃、昆虫採集で初めてハネカクシをアリの巣の中に見つけたとき、頭に鮮やかに蘇ってきたのが、昔ナマコの中にカクレウオを見つけた記憶です。生き物の共生はやっぱり面白いと感動して、これを研究しようという決意を固めました。今もハネカクシは研究対象のひとつです。

昆虫の世界では、生き物が別の種の生き物と暮らす例がいくらでもあります。たとえば畑や公園など身近な環境に飛んでいるモンシロチョウの幼虫であるアオムシにも共生が見られます。夏頃にアオムシを解剖すると、ほとんどすべての個体からハチ（アオムシコマユバチ）の幼虫が出てくるのです。

ハチの幼虫はアオムシの体内に産みつけられその組織を食べつくし、最後は食い破って外に出てサナギになります。もちろんアオムシは死んでしまう。私たちが目にするモンシロチョウは極めて幸運な個体なのです。

昆虫同士の共生関係には、相手を死なせてしまう寄生も含まれるようにさまざまな形がありまます。では、ともに暮らすもの同士は、そもそもどのように共生をスタートするのでしょうか。たとえばアリとハネカクシの場合、次のような出会い方だったと考えられます。

アリは律儀にも、食べ残しやサナギの殻、排泄物などのゴミを、巣の外の決まった場所に捨てます。おそらく、そこにハネカクシがやってきて、アリが出したゴミを食べて生活するようになるのです。やがてハネカクシはアリの巣に入りこんだり、アリと一緒に歩いたりするようになるわけです。こうして共生関係が結ばれると推測しています。

注意していただきたいのは、ハネカクシが自分に都合のいいアリの集団を探して選んだわけでも、アリのほうがハネカクシを積極的に受け入れたわけでもなく、共生のきっかけは、たまたま近くに棲んでいたことだけだという点です。ハネカクシがアリに受け入れられる上で、形態や匂いが似るなど有利な性質を進化させたのは偶然の結果です。

　古代の人間の住居のゴミ捨て場に集まるオオカミのうち、気立ての優しい個体が犬になったと言われます。一見、アリとハネカクシの共生の例に似ていますが、人間と違って、アリは多くの場合、おそらくハネカクシの存在をほとんど認識していないと考えられます。

　アリはとても排他的な生き物です。自分の巣の家族以外の生き物は敵か餌なので、自分の家族ではないと判別された生き物はすぐに巣から追い出されるか、殺されて食べられてしまいます。その意味で、アリの巣は非常に高い選択圧、言いかえると、アリとの生活に適した特徴を持つように進化させる力がかかる環境だと言えます。

　アリに姿や匂いがそっくりで「僕はアリです」といった顔つきで居候するハネカクシもいれば、アリとは似ても似つかない珍奇な姿のものもいます（107ページの写真17）。アリに似せてアリを騙すか、アリに気づかれないようにアリの背中に乗ったり、足下をすり抜ける形に特化するか、いずれにしても高い選択圧がハネカクシの形態を極端な方向に進化させたのでしょう。

　多彩な形態のハネカクシの多くは熱帯地域で見つかります。その理由は、熱帯では生き物のライフサイクルが速いからだと考えられます。温帯に暮らす昆虫のほとんどは年に1回しか世代交代しませんが、熱帯の昆虫は数週間から数ヵ月の周期でどんどん世代交代します。進化の原動力たる突然変異が生じる頻度も高くなる上、昆虫はもともとたくさんの子を産むので、必然的に進化が速く進むのです。

アリそっくりのハネカクシの遺伝子を調べたら！

アリとハネカクシの例からもわかるように、資源が豊富な環境にただ乗りするところから共生は始まります。自分の子孫を多く残すには、自分のエネルギーの消費を抑えつつ、卵や幼い子への投資を増やさなければなりません。他の生き物が作り出した資源を利用できるならそれに越したことはないわけです。

こうしたただ乗りは、共生ではなく寄生と呼ぶべきではないかと思われるかもしれません。先に紹介したアオムシを内部から食いつくすハチの幼虫も寄生の例として知られています。しかし、学術的には、寄生は共生のひとつの形です。異なる生き物がおたがいによい影響を与え合う関係を共生と呼び、一方が利益を享受して、もう片方が害を被るような関係を寄生と呼びますが、おたがいが利益を得ているように見える関係でも、ほとんどの場合、一方がもう一方より大きな利益を得ているからです。

典型的な共生は、番組でも紹介されていたミツバアリとアリノタカラの例（XIIページの口絵⑬）ですが、このようなおたがいがおたがいなしでは生きていけない関係（絶対相利共生）は例外中の例外。自然界では純粋にバランスのとれた共生関係はほとんど見つかりません。

どちらの利益が大きいかというバランスも状況次第で変わります。たとえばアリはアブラムシがお尻から出す甘い汁のような排泄物をもらい、テントウムシなどのアブラムシの天敵を追い払います。アリとアブラムシはおたがいに得をする関係にあるように見える一方で、たまにアリはアブラムシを捕まえ、巣に持ち帰って食べてしまうこともある。甘い汁を出す量が少ない個体を、餌として認識して持ち帰るのだと考えられます。

いずれにしても共生が生き物の進化を促し、多様性を高める原動力になっていることは間違いありません。

この多様性の全貌を理解することが、私が専門にしている分類学や系統学の役割のひとつです。分類学は生き物の種を見分け、系統学は生命の家系図である系統樹の中で、どの種とどの種が近いのか、あるいは遠いのかといった関係を探る手がかりを与えてくれます。

近年の分類学には遺伝子解析が欠かせません。遺伝子を詳しく見ると、ある系統と近い別の系統が何万年前に分岐したのかといった進化の道筋がわかります。

２０１７年には、アリそっくりの姿形を持つハネカクシを世界中から採集して遺伝子解析を行った結果を論文として発表し、ありがたいことに学界で高評価を受けました。この遺伝子解析の結果は、われながら驚きました。

姿形がよく似ているからには、もともと近い関係に属するハネカクシだったのかと思いきや、そうではなく、遠い関係にあるグループが結果的にアリそっくりに進化したことを示していたからです。似たような場所で、似たような生活をしているために、系統的には遠い関係にあるにもかかわらず似たような形態を持つ現象を「収斂《しゅうれん》進化」と呼びます。私たちのチームが見つけたのは、ハネカクシにおける大規模な収斂進化の例でした。逆に私たちは、見た目は大きく異なるハネカクシのグループが、実は近い関係にあることも遺伝子解析により明らかにしています。

このように遺伝子解析はたしかに強力な研究ツールですが、形による分類に意味がないかというと、まったくそんなことはありません。200年も前の分類学者が、素人目にはごくごく同じに見える生き物を、異なると分類したものを現代の遺伝子解析で改めて調べても結果がくつがえることはほとんどありません。

一見するとよく似たアリそっくりのハネカクシでもよく見れば異なる特徴があったり、逆に見た目は違っても交尾器などに似ている特徴があったりする場合があると、遺伝子解析をする前から私も、気づいていました。遺伝子解析の結果に驚きはしたものの、ある程度、予想もしていたのです。長年、分類学の研究をしていると、形あってこその生き物だとつくづく思います。

昆虫標本に自然と目を輝かせる子どもたち

昆虫を含め、生き物の形の美しさは他にたとえようもありません。そう感じるのは、私だけではないですよね。一体それはなぜなのか。

人は、本能的に生き物を美しいと感じるようにできている、というのが私の考えです。

2012年、所属している九州大学総合研究博物館の企画として、同館が所蔵する資料を用いた移動博物館「ベッド・サイド・ミュージアム」という企画に参加しました。小児がんなどで幼い頃から病院での闘病生活を余儀なくされている子どもたちに、同館が所蔵するさまざまな展示物を鑑賞してもらうという企画です。もちろん私は、昆虫の標本などを中心にした展示パッケージを用意して持っていきました。

子どもたちのほとんどは、生まれてから一度も博物館に行ったことがありませんでした。実物の標本を見る機会もなかったと思います。自然に触れた経験がない子もいたでしょう。それにもかかわらず、全員が目を輝かせて昆虫の標本に見入り、喜んでくれたのです。これを見て私は、人は生き物を本能的に美しいと感じるものだと確信しました。

もちろん自然界には、スズメバチの黄色と黒のストライプのような警告色と呼ばれる体色を持つ生き物もいます。この色模様を「怖い」と感じるのは人の本能かもしれません。

しかし、昆虫採集のため世界のあちこちに調査旅行に出かけるうち、私は、人がどんな色模様を怖いと感じるかは本能的にではなく、後天的に決まっている部分が大きいと感じるようになりました。たとえば警告色も、地域によって傾向が異なります。アジアやアフリカの警告色は、いわゆる虎柄の、黄色かオレンジと黒のストライプの模様が多いのですが、南米では赤が多く、他の地域ではまた別の色という具合です。警告色は世界一様ではないのです。

人間が昆虫を怖いと感じるかどうかについては、まだ考察する必要はあるものの、基本的に美しいと感じることについては世界で同意が得られるのではないかと思います。

生き物の美しさを構成する要素のひとつは機能美です。生き物の形や色には無駄がほとんどなく、意味があります。たとえば森に棲む緑色の虫は、木々の葉で身を隠すためにその色を身にまとっているわけです。

まるで自然の荒波に削られてできた芸術作品のように、生き物は自然の一部を切り取った形をしています。生き物は自然の美しさを背負っているとも言えるでしょう。そこが生き物の魅力の源泉だと思います。

インタビュー 3

ハナアブの大移動が生き物すべてにもたらす恵み

渡り虫たちはなぜ海を越え、山を越えるのか

カール・ウットン

エクセター大学生物科学部上級講師、
王立協会大学特別研究員

10月頃にピレネー山脈を訪れる機会のある人は、運がよければハナアブの大群を目にすることができるかもしれない。美しい山並みを背景に虫たちが飛び交う様子は壮観に違いないが、彼らはイギリスから海を越えて飛んで来たのかもしれない。

渡り虫の研究者カール・ウットンさんによれば、ハナアブの大移動は生態系を支え、人間

社会にも大きな影響を与えているという。

60年前の論文に好奇心をかき立てられ

虫にも、渡り鳥と同じように、季節ごとに長距離を移動して生息地を変えるものたちがいます。私が主な研究対象にしているハナアブもそのひとつです。体長1センチほどの小さな虫で、見た目はハチに似ていますが、ハエの仲間です（111ページの写真20）。

トンボやチョウなど、渡りを行う虫は知られていますが、ハナアブの渡りの特徴は規模の大きさです。イギリスから毎年冬頃に南へ向かうハナアブの数は40億匹。膨大な数のハナアブが海を越え、山を越えて、何百キロもの距離を移動して、地中海や北アフリカへ旅立っていきます。

研究チームで調査をするまで、私もこれほどの数に達するとは思いもしませんでした。いくら1匹当たりの体が小さくても、全体の数を考えれば圧倒的な量のバイオマス（生物資源量）が毎年移動していることになります。花粉や蜜の他、アブラムシなどを食べるハナアブの大移動がヨーロッパ全体の植物、特に農作物に大きな影響をおよぼしているであろうことは、想像に難くありません。

私がハナアブの研究を始めたきっかけはふたつあります。ひとつは2011年にイギリスで発生した家畜の先天異常です。原因は小さな虫が媒介するウイルスです。酪農をしている私の実家も被害を受けました。この虫がヨーロッパ大陸から過去に渡ってきた一種であることを知り、渡り虫に興味を持ったのです。

もうひとつのきっかけは、渡り虫について調べているときに出会った、ある古い論文です。その著者で、イギリスの鳥類学者デイヴィッドとエリザベスのラック夫妻は、1950年10月、渡り鳥を観察するためピレネー山脈を訪れました。10日間の調査旅行の最後の日、ラック夫妻は不思議な光景を目にします。数えきれないほどのハナアブの大群が頭上を飛んでいったのです。

彼らは1951年に発表した論文「ピレネー山脈の峠を越える虫と鳥の渡り」の冒頭に次のように記しています。

「われらの時代、雄大な自然現象は今なお称賛の対象である。しかし、古代人が感じたほどの発見の喜びがその称賛に加わることは滅多にない。（略）一生に一度、壮大で、かつ新しい光景を目の当たりにしたとき生態学者は博物学者に戻る。そんな幸運に出くわしたのは1950年10月13日、（ピレネー山脈の）ガヴァルニー峠でのことであった」

論文にしては珍しい情緒的な文体が、ラック夫妻の興奮ぶりを表しています。

この論文に出会った2011年、私はスペインの研究所でポスドク（博士研究員）として、受精卵からさまざまな細胞がどう作られ、どのように生物が形作られるかなどを調べる発生生物学の実験に取り組んでいました。生物学の研究によく用いられるショウジョウバエを対象に、発生にかかわる遺伝子の働きを調べていたのです。それ以前は、イギリスの大学院でサメやヤツメウナギを対象に、発生の初期段階で細胞がどう移動するのかを研究していました。ハナアブも渡りも専門外だったのです。

しかし、ラック夫妻の論文を読み、好奇心が抑えられなくなりました。休暇中にたびたび訪れて大ファンになっていたピレネー山脈で、自分もハナアブの大群が峠を越える壮大な光景を見てみたいと思ったのです。

ラック夫妻以降、ハナアブの渡りの研究に本格的に取り組んだ人も確認できず、自分がこれに取り組めば何か新しいことを発見できるかもしれないという予感もありました。発生生物学や遺伝学の知識をハナアブ研究に活かせるとも考えました。生まれて間もない生物の体内での細胞のミクロな「移動（migration）」から、数百キロものマクロな「渡り（migration）」へ、研究テーマを変えたわけです。

昆虫の渡りを研究している研究チームに連絡をとると、まず特別研究員（フェローシップ）をめざすようにとアドバイスをもらい、すぐに申しこみましたが、結局3年目で、ようやくイギリス南西部にあるエクセター大学生命科学部で特別研究員のポストを得ました。

その後、ピレネー山脈の他、ヨーロッパのあちこちでハナアブの渡りを観察し、個体数を数えたり、サンプルを捕まえたり、風向きを調べたりして研究を続けています。今、ラック夫妻の論文をふり返ると、彼らはとても運がよかったと思います。というのも、適切な気象条件のもと、適切な場所に、適切な時間に身を置かなければ、ハナアブにお目にかかれないからです。私にとってもピレネー山脈の峠でその大群を最初に目撃したときの体験は特別なものです。空をかき回すように、南へ向かう昆虫の塊を発見したのです。

NHK取材班も同行した2021年10月のピレネー山脈への調査旅行では、50万匹を超えるハナアブを目撃した日もありました。彼らは向かい風のときは低空飛行で、追い風のときは高く舞い上がって峠を越えていきました。風をうまく利用して移動するのです。

低空飛行中のハナアブとぶつかりそうになることはありますが、実際にぶつかることはほとんどありません。彼らの飛行技術は巧みで、私たちをうまく避けてくれるのです。それでも渡りのピーク時には私たちは寝そべって、真上を通過するハナアブたちを観察しながら数を数えるなどします。ちなみに10月13日は「ラックの日」と決めており、研究仲間と必ずレストランに行きます。

渡りをするハナアブは1500以上の遺伝子に違いが

さてハナアブたちは冬になるとヨーロッパの北から南へ移動し、地中海沿岸地方ですごし、春の後半に入ると今度は南から北へ移動し、夏から秋まですごします。彼らは何を手がかりに特定の方向に飛んでいるのでしょうか。

私たちはこれを確かめるため、コーンウォール半島の沖合に浮かぶシリー諸島で、春先、ハナアブを解き放ってみました。そうすると彼らはまるで磁石の引力に引っ張られるかのようにまっしぐらに北へ向かったのです。曇りがちの日も、日当たりのよい日も、風が強かろうが、弱かろうが、とにかく彼らは北をめざしました。これが意味するのは、ハナアブは太陽を利用しているということです。渡り鳥やミツバチと同様に、ハナアブも太陽の位置を基準に進むべき方向を決めているのです。

最近では、渡りをするハナアブと、渡りをしないハナアブでは、1500以上の遺伝子に違いがあることもわかりました。代謝機能、筋肉、ホルモン制御、免疫、ストレス耐性、飛行、採食行動、知覚などにかかわる遺伝子です。このうちのいくつかは渡りを行うチョウですでに発見されていたものでした。渡りを行う虫には、渡りに必要な遺伝子のパッケージがあるのかもしれません。渡りという行動がどう進化したのか、種によって別々に進化したのかなど、これから明らかにしたいと考えています。

ハナアブが自然界で果たしているのは、花粉を運ぶ送粉者としての役割だけではありません。彼らの幼虫はアブラムシを食べます。ヨーロッパにおける、農作物の主要な害虫の駆除に役立ってくれているのです。さらに、鳥など幅広い動物たちの食べ物としても重要な役割を担っています。ハナアブはまるで生態系のサービス提供者です。

しかし地球規模で昆虫の数が減っている中、ハナアブについても数を減らしているのではないかと懸念しています。私たちがハナアブを含む渡り虫のモニタリングを行っている理由のひとつは、渡り虫も減少しているのか、減少しているとしたらその要因は何かを突き止めることです。

以前から、他の昆虫に比べて渡り虫は数を減らさないだろうと言われてきました。今いる生息地に棲めなくなれば、別の場所に移動すればいいからです。しかし、工業的な大規模農業や森林伐採による生息地の分断が、どう影響をおよぼすのかわかりません。気候変動により開花の時期がずれれば、ハナアブは移動先で彼らの主要な食料である花粉を得られなくなってしまいます。そうなれば大きなエネルギーが必要な渡りにも支障が出るはずです。

私たちがピレネー山脈でハナアブの調査をしていると、登山家やハイカーたちに時々「何をしているのか」と声をかけられます。簡単に内容を説明するとみんな驚きの声を上げます。一般の人たちだけでなく、渡り鳥、渡り虫の専門家もハナアブの大移動を知りません。

私は、多くの人にハナアブや他の渡り虫たちが、風と格闘しながら南をめざしていることを知ってほしいと思います。生き残るために命のサイクルを回し続ける彼らが、実は私たちの役にも立っており、活躍していることに感謝してほしいのです。

インタビュー 4

干ばつの影響まで和らげるシロアリの影響力

嫌われ者の知られざる役割とは

ケイト・パール
リバプール大学環境科学部教授

アリやシロアリなど、集団で暮らす社会性昆虫の調査を通じて、熱帯地域の生態系はいかに成り立っているのかを研究しているケイト・パールさん。

インドネシア・ボルネオ島で実施した大規模シロアリ実験で、シロアリがなんと土壌の水分を保持し、干ばつの影響を緩和する役割を果たしていたことを発見したという。一体どんな仕組みでシロアリは土壌が干からびるのを防いでいるのか。嫌われ者シロアリが自然界を支えてきた実態とは？

大規模シロアリ実験を襲った大干ばつ

私が今、研究対象にしているのはシロアリです。多くの人はシロアリを害虫であると考えています。特に木造家屋の多い日本では、木材を食べ、家屋に被害を与えるシロアリが嫌われているかもしれません。しかし彼らは自然界でとても重要な役割を果たしています。

たとえば、植物の主成分であるセルロースを分解できる数少ない虫であるシロアリは、枯れ木や朽ち木を分解して土に返し、その栄養分を利用して新たな植物が育ちます。さらにシロアリは、草食動物の糞も食べて分解します。フンコロガシが利用するのは新鮮な糞ですが、シロアリは古い糞も処理してくれるので、これも植物などの栄養分になります。地球が草食動物の糞で埋もれずに済んでいるのは、シロアリのおかげといっても過言ではありません。

私は、彼らが自然界におよぼす影響の大きさをなるべく正確に捉えたいと考えています。熱帯地域の森林や草原で落ち葉の下や土壌から虫を採集すると、ほとんどはシロアリか、シロアリの天敵でもあるアリです。彼らは昆虫界で膨大な割合を占めています。生態系における彼らの役割を明らかにすることは、地球の行く末を考える上で重要な意味を持つはずです。

2015年から、私たちはマレーシアのボルネオ島でシロアリの役割を調べる実験に取り組みました。熱帯雨林で、シロアリを排除した区画とシロアリがいる区画を用意し、両区画にどんな違いが現れるかを3年にわたって観察したのです。熱帯雨林にはシロアリ以外にもたくさんの昆虫、哺乳類、菌類などが暮らしています。その中でシロアリの影響力の大きさを見積もるため、シロアリだけを注意深く除いて、それ以外はもとのままの環境で何が起こるかを確かめる必要がありました。

両区画で調べたのは、土壌に含まれる水分、栄養分、それから土壌内部の構造、植生などです。幼木を植えて成長度合いに違いが出るかも観察しました。

私たちの調査期間中に、ボルネオ島は干ばつに見舞われました。東部太平洋の赤道付近の海水温が1年にわたって高くなるエルニーニョの発生により、世界規模で降雨や気温に影響が出ていたのです。予想外の出来事で、当初は実験が台無しになると心配しましたが、結果的にはこの干ばつのおかげで貴重なデータが得られました。

私たちにとって驚きだったのは、シロアリのいる区画では、シロアリの個体数が普段の2倍以上に増え、シロアリのいない区画に比べ、土壌の水分量が3割多く、幼木の生存率が5割も高かったことでした。シロアリが干ばつの影響を緩和し、気候変動への耐性を向上させる役割を果たしている可能性が見えてきたのです。

土壌の水分量が多かった要因は主にふたつあると考えています。ひとつは「トンネル」です。

両区画でコアをそれぞれ取り出してCTスキャンで中を見ると、シロアリなし区画のコアに比べて、シロアリあり区画のコアに無数の微細なトンネルが張りめぐらされていたのです（114ページの写真21）。雨季にこのトンネルに流れこみ土壌に蓄えられた水を、乾季に放出しているのではないかと推測できます。

アリも土壌中にトンネルを作りますが、シロアリのトンネルとは区別できると考えています。シロアリのトンネルには、アリのトンネルには見られない裏張りがあるからです。おそらくそのためにシロアリのトンネルは高い保水力を発揮するのでしょう。

シロアリあり区画で土壌の水分量が多かったもうひとつの理由は「シート」です。シロアリは食べ物を探しながら、土壌、糞、口からの分泌物を使ってシートを作り、土や木の表面を覆います。このシートは土壌のフタあるいは屋根のようなものです。私たちはこのシートのおかげで土壌からの水分の蒸発が抑えられているのではないかと考えています。もしシロアリが作るトンネルやシートがなければ、雨の大半は土壌に蓄えられることなく、表面を流れ去ったり蒸発してしまったりするでしょう。

シロアリが熱帯雨林の有機物の半分以上を分解

シロアリは、熱帯雨林の有機物の半分以上を分解していることも明らかになりました。これまで菌類がほとんどの有機物を分解しているというのが常識で、シロアリの貢献度合いは大きくないと見なされていました。ところがシロアリこそが主な分解者だったのです。シロアリがせっせと有機物を分解し、土壌に栄養分を補給していたからこそ、幼木の育ちもよかったのだと考えられます。

シロアリは地表に小高く盛り上がったアリ塚を作りますが、その傍には多くの場合、種々さまざまな木々が生えています（XIIページの口絵⑭）。アリ塚には、シロアリが枯れ木や朽ち木を分解し濃縮した栄養分、そして水分が豊富に蓄えられているからです。アリ塚の近くにいれば、植物はこれらの資源を利用できます。

シロアリに頼っているのは植物だけではありません。豊富に存在するシロアリは鳥やトカゲなど動物の食べ物としても重要です。アフリカでは、多くの人もシロアリを食べています。

私が生態学の研究をしているのは、昆虫学者だった父、生物学者だった母の影響です。父の野外調査に同行して、短期的にアフリカに住んだこともあります。草原、森林、そこに暮らす動物たち、つまり地球環境を愛する気持ちが芽生えたのは父母のおかげです。

自分の研究を通してシロアリが地球環境の保全に役立っていることを実証し、彼らが決して害虫などではないことを人々に納得してもらえれば幸いです。もしシロアリが地球から消えれば自然界に何が起こるのかを想像してもらいたいのです。

第3章

微生物

見えない生物が進化の駆動力だった

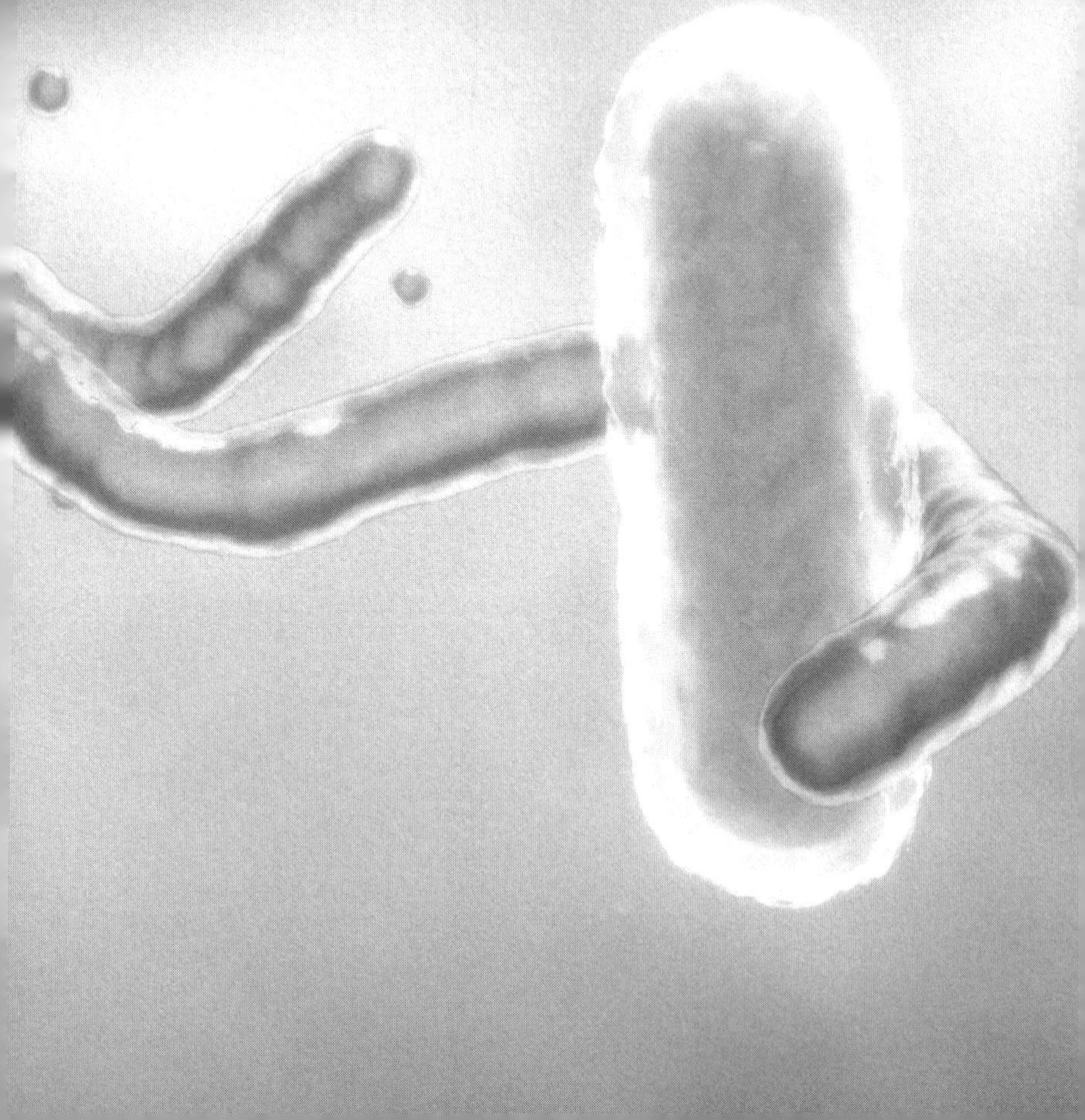

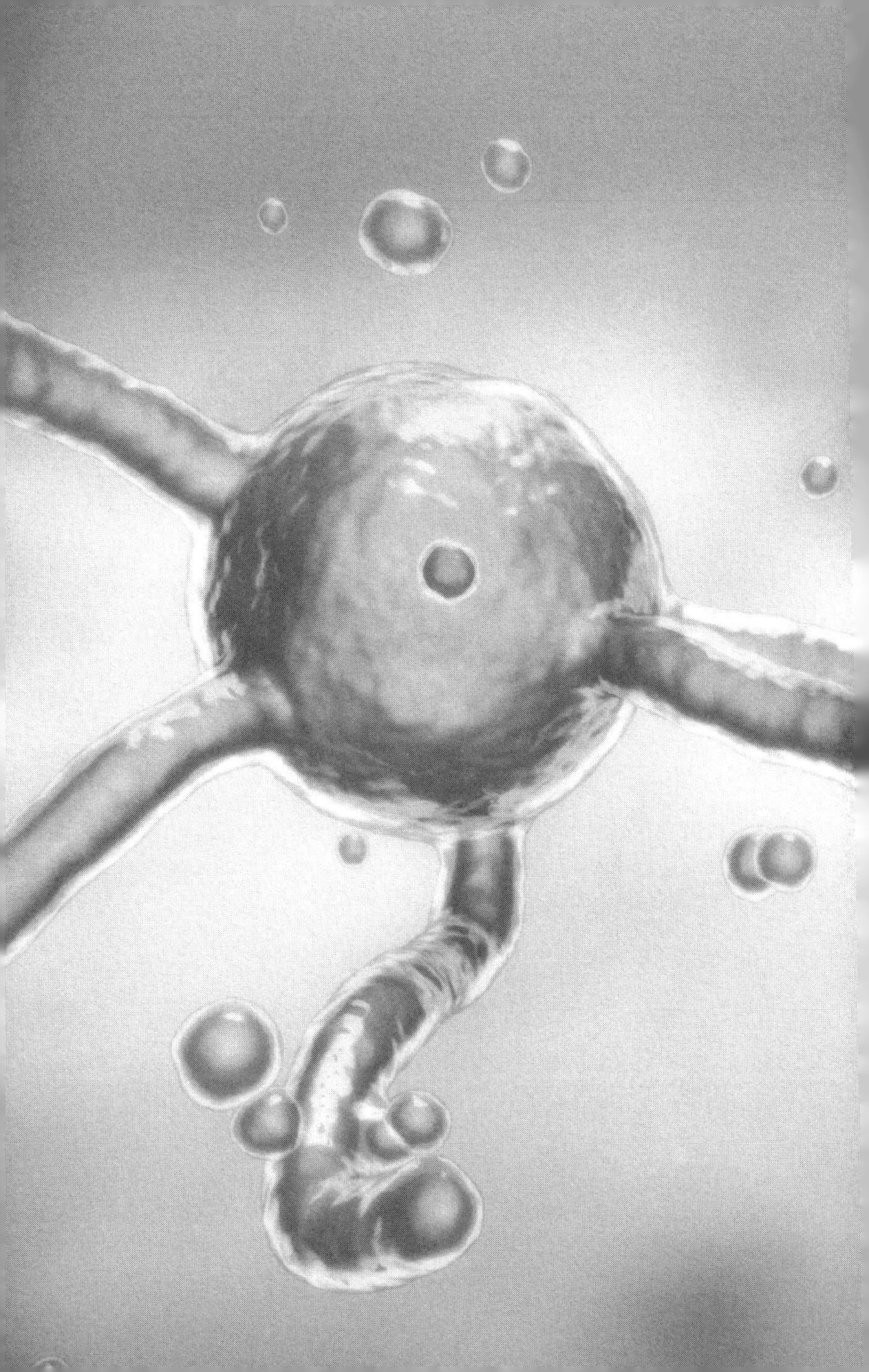

全生物と共生、隠れた主役のスーパーパワー

微生物は私たちの身の回りに無数に存在している（XIIIページの口絵⑮）。目に見えない生き物すべて。それが微生物だ。その中には細菌（バクテリア）、真菌（カビ、XIVページの口絵⑯）などが含まれる。

たとえばあなたの口の中には、2000億もの微生物がいる。ぬるぬるする歯のぬめりを作り出す「口腔細菌」もいる（XIVページの口絵⑰）。時に一気に増殖し、歯の上に「バイオフィルム」と呼ばれる不思議な構造物を作り上げる。

肌の上には「アクネ菌」。ニキビの原因として嫌われてきたが、私たちにとってよい働きもしていることがわかってきた。毛穴にまで忍びこみ、黄色ブドウ球菌などの病原菌の攻撃から私たちの肌を守ってくれていることが明らかになってきた。腸内細菌についても、新しい能力が今も次々と発見されている。

実は、人の体で暮らす微生物は約100兆。一方、人体の細胞はおよそ37兆と推定されて

いる。つまり体内の微生物はあなた自身の細胞よりも数が多い。

微生物の得意技は、爆発的に増殖して数を増やしてどこにでも広がっていくことだ。その分、突然変異を起こすチャンスも多く、結果的に多様な能力を身につけてきた。

最新の研究では、微生物が、地球上の生物の進化に影響をおよぼしたり、ヒトを含む動物の気分や行動を変えたりしている可能性も見えてきた。がん治療に活かす試みもある。

微生物の歴史は40億年。彼らこそ、この星の先住民にして進化の最前線なのだ。ダーウィンの時代の常識を超えて、最先端の科学がより深く、より広く、進化の仕組みを明らかにする。

微生物によるがん退治が実現する

微生物は最も古くから地球にいる生き物だが、最も新しく見つかった生き物とも言えるだろう。

微生物の存在が明らかになったのはここ300年ほどの話だ。17世紀にオランダの商人レーウェンフックが、自作の顕微鏡を開発し微生物を発見したのだ。いつも身の回りにいた微生物に人間はやっと気づき、研究を始めた。そこから微生物の広大な世界が次々とわかってきた。

あなたの体にいる微生物を紹介しよう。まず目を見開けば、そこに微生物がいる。目の免疫をアップさせる「コリネバクテリウム・マスタイティディス」だ。

鼻の穴には肺炎を抑える微生物。腸には「ビフィドバクテリウム・ビフィダム」――舌を噛みそうな名前だが、腸内細菌の一種「ビフィズス菌」として知られる微生物のことだ。

あなたの体には、1000種類100兆の微生物がぎっしりといる。地球の人口をはるかに超える数の微生物があなたの体に棲みついているのだ。

しかし、真に驚くべきはその種類や数の多さではない。最新の研究によって、次々とまさに「スーパーパワー」としか呼べないような能力が明らかになってきているのだ。

微生物のスーパーパワーを知るため、私たち取材班はアメリカのジョンズ・ホプキンス大学を訪れた。ここで、ある病気の治療に微生物の力を利用するという。

治療法を研究してきた同大学医学部准教授のシビン・ジョウさんが、臨床試験中の取り組みを特別に取材させてくれた（XIVページの口絵⑱）。

「この細菌をがんの治療に使えば、腫瘍を治癒してくれるのではないかと考えました」（ジョウさん）

実は従来の抗がん剤治療には難点がひとつあった。抗がん剤を投与しても、腫瘍の奥深くに届けるのが難しかったのだ。がん細胞が急激に成長し、腫瘍内部には血管が通っていないのが主な原因だった。

そのことについて、がんの発生や成長について研究していたジョウさんらは、2000年代初頭、あることに気がついたという。

　肺がん、乳がん、肝臓がんなど、塊でできるがんは固形がんと呼ばれる。ジョウさんらが気づいたのは、多くの固形がんに壊死している部分があることだった。

「がん細胞の増殖が速すぎて、がん組織の内部への血液の供給が間に合わず酸素不足に陥るためでした」

　そこで目をつけたのが「クロストリジウム・ノビィ」。酸素がない場所を好み、本来は主に土の中に暮らし、土の中の脂肪分を分解してエネルギーにしている細菌だ。

　ジョウさんらは、酸素がない場所が大好きなクロストリジウム・ノビィなら腫瘍の内部にまでたどり着けるのではないかと考えた。

　しかし、クロストリジウム・ノビィをそのまま新たな細菌治療に使うわけにはいかなかった。致死性の毒を出すからだ。人間の体に注入すれば、短時間で死にいたる可能性もあった。そこでジョウさんらは毒を作る遺伝子を特定し、遺伝子操作によりこれを取り除いた。それがクロストリジウム・ノビィーNT（以下、C・ノビィーNT）。NTはNontoxic（無毒）の略だ。

　C・ノビィーNTが血管に取りこまれた場合、そこには苦手な酸素がたっぷり含まれているのだが……。

「この菌は酸素のある環境では不活性のため、分裂や増殖をしません」（ジョウさん）

　なんと彼らは酸素のある環境で不活性であるだけでなく、「芽胞殻」と呼ばれる硬い膜を鎧のようにまとって酸素を凌ぐことができるのだという（151ページの写真22）。

がん細胞に流れつくと、C・ノビィ－NTは鎧を脱いで本来の姿に戻り、どんどん分裂して、大増殖する。

「腫瘍には酸素が少なく、C・ノビィ－NTは人体では腫瘍の内部でだけ生きていける微生物です。そのためこの菌はがんだけに作用することができるのです」

腫瘍までたどり着くと、C・ノビィ－NTはエネルギーを得るため、脂肪を分解する酵素を作り始める。この酵素にはがん細胞を壊す働きがある。つまり、がんだけを狙い撃ちにできるかもしれないというのだ。

ジョウさんらが実際にヒトで臨床試験を開始したところ、劇的な効果を示すケースも出ているという。

ある女性は、腹部の悪性腫瘍（肉腫）と、そこから肩に転移した腫瘍を持っていた。そこで肩の患部にC・ノビィ－NTを注入したところ、肩の腫瘍がほとんど消えたという（151ページの写真23）。

「治療から数日後、腫瘍はほとんどなくなりました。非常に興奮しました。素晴らしい結果でした」

残念ながらこの患者は腹部の悪性腫瘍の悪化によりまもなく亡くなったが、C・ノビィ－NTの効果は希望の持てるものだった。

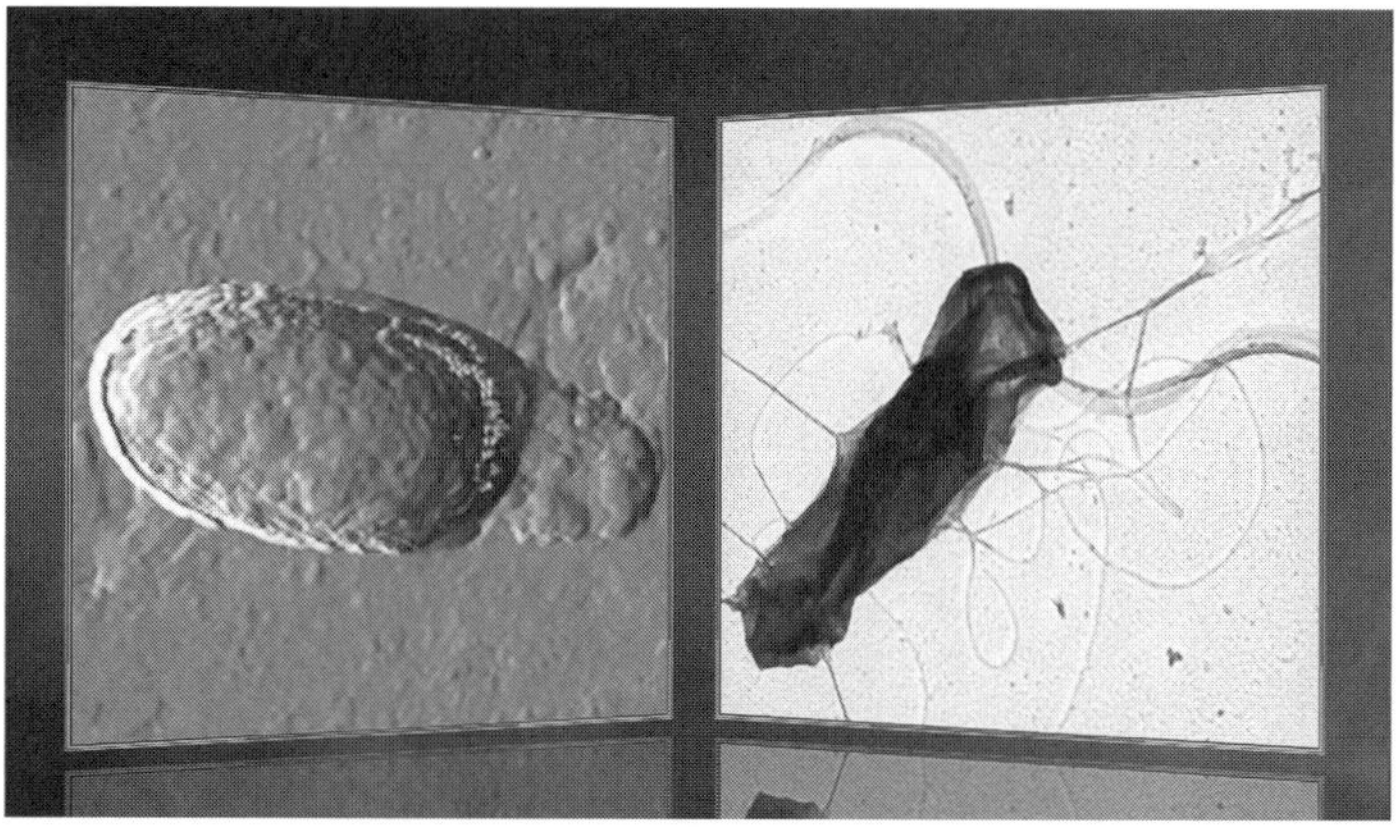

写真22　クロストリジウム・ノビィ（左右とも）。酸素が苦手な細菌。
酸素のある場所では左の鎧のような「芽胞殻」という硬い膜に包まれる。
右は酸素のないところでの姿で、どんどん増殖を始める。

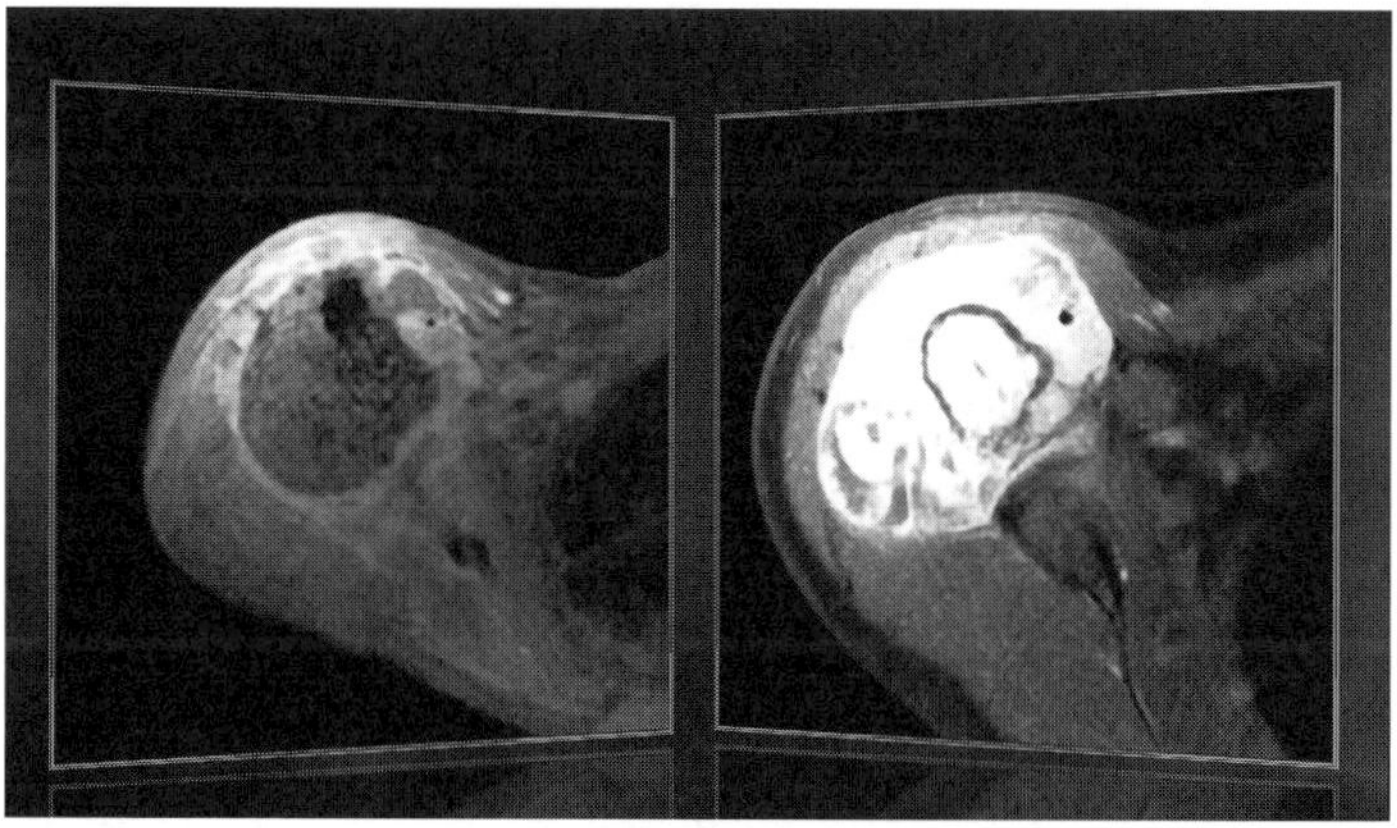

写真23　C・ノビィ - NTによる治療を行う前の肩の腫瘍（右の白色の箇所）。
腫瘍部分に注入後、腫瘍がほとんど消えているのがわかる（左）。

C・ノビィーNT以外にも、他の研究グループによりサルモネラ菌の仲間、リステリア菌の仲間など、がん退治に役立ってくれそうな微生物の候補が複数見つかっている。ジョウさんらのものを含め、15の臨床試験が行われ、一般の治療で使用できるか安全性がたしかめられている。

微生物には思いもよらないスーパーパワーが潜んでいるのだ。

1トンのプラスチックを微生物が10時間で分解

微生物たちのパワーは、環境問題の解決にも役立つのではないかと期待が高まっている。

ペットボトル、ビニール袋、発泡スチロールなどの梱包、緩衝材など幅広い用途で使われているプラスチック。その多くは使い捨てされ、適切に処理されないまま環境中に流出し、河川などを通じて海に流れこんでいる。その量は世界で年間約800万トンにおよぶと推計されている。重さにしてジャンボジェット機5万機分にも相当する量だ。2050年には海にいるすべての魚の重量を合わせたよりもプラスチックの重量のほうが重くなるとも言われる。

波や紫外線の作用で数ミリ程度に細かく断片化されたプラスチックが、マイクロプラスチックだ。マイクロプラスチックは環境中で自然に分解されることがない。海のプランクトンなど小さな生物がマイクロプラスチックを取りこむだけでなく、食物連鎖により魚、海鳥、そして私たち人間も取りこみ、少しずつ体内に蓄積されつつあると見られている。

しかし、プラスチック分解菌がこの問題を解決してくれるかもしれない。フランスのスタート

写真24　プラスチックが普及してまだ50年ほどだが、微生物は早くも、これを分解する能力を獲得した。カルビオス社の技術で、私たちに身近なペットボトルの材料であるPET1トンの90%を10時間以内に分解し、リサイクルできる状態にするという。

アップ企業のカルビオス社は２０２０年4月、イギリスの科学誌『ネイチャー』に、この菌が作った酵素により、ペットボトルなどに使われるポリエチレンテレフタラート（ＰＥＴ）をリサイクル可能な状態まで短時間で分解する技術を開発したと発表した（上の写真24）。１トンものＰＥＴの90％を10時間以内に分解し、リサイクルできる状態にしたという。

同社の最高科学責任者で、フランス・トゥールーズ大学の生物学教授のアラン・マルティさんが語る。

「微生物のおかげでプラスチック汚染という問題を解決する可能性のある酵素が生まれたのです。未来の世代に大きな恩恵となるでしょう」

同社は堆肥から採取した10万種の微生物を調べ、プラスチックを分解している微生物を発見。その微生物が作り出す酵素の働きを強めたのだという。プラスチックが普及してまだ50年ほどしか経っていない。しかし、こんな短い期間にもかかわらず進化の過程で微生物は大量に存在するプラスチックを分解して利用するパワーを身につけたのだ。

子孫を残すために宿主のヒトも操る微生物

微生物も他の生き物と同じく増殖して、世代交代を重ねる。だが、微生物の多くは体がひとつの細胞だけからなる「単細胞生物」で、構造がシンプルであるため、他の生き物に比べて世代交代が圧倒的に速い。たとえば大腸菌は20分に1回分裂し、次の世代を生み出す。世代交代の過程で、一定の確率で遺伝子に突然変異が入る。世代交代が速ければ、その分、突然変異もたくさん入る。したがって、微生物の進化は速く、環境に適応し、生き残る能力を身につける確率は高くなる。

こうして微生物は次々と特殊能力を身につけていったと考えられている。「地底のウランを食べる」「海底火山周辺の122℃の環境で生きる」「廃棄物の中から貴金属を集める」など多種多様な特殊能力を持つ微生物がいるのは、進化のスピードが速いからなのだ。たしかにすごいが、ちょっと怖くなるような能力も近年注目を集めている。

最新の研究によれば、微生物がなんと感染した生き物の脳を操って、まるで自分の味方のようにしてしまうという。

問題の微生物は「トキソプラズマ」。いろいろな生き物の体を転々としながら暮らしている寄生虫の一種だ。

人間に感染しても、胎児を除けばほとんど影響がないと考えられてきた。

チェコのカレル大学教授のヤロスラフ・フレグルさんは、トキソプラズマの驚くべき能力を明らかにしてきた。

「トキソプラズマは他の生き物を巧みに操ります。ネズミや人間の行動を変えてしまうのです」（フレグルさん）

今回取材班は、トキソプラズマの専門家である岐阜大学准教授の高島康弘さんの協力を得て、その行動に差が表れるかどうか実験を行った。

ネズミを入れたケースの中に、匂いを放つ容器を3つ置く。ネズミの仲間、棲み慣れた藁、そして天敵であるネコの尿の匂いだ。

まずは感染していないネズミをこのケースの中に入れる。ネズミはそれほど動き回らず、慎重に様子をうかがって、苦手なネコの匂いを確かめには行くものの、あまり寄りつかなかった。結局、棲み慣れた藁や何もない場所に長く滞在し、ネコの匂いを置いた区画にいた時間は全体の11%だった。

一方、トキソプラズマに感染したネズミが、苦手なはずのネコの匂いの近くにいた時間は全体の33%に達した。感染していないネズミの3倍だ（XIVページの口絵⑲）。

トキソプラズマに感染したネズミは、よく言えば「大胆」、悪く言えば「慎重さに欠ける」行動をとるのだ。

一体なぜトキソプラズマはこんなふうにネズミを操るのか？

トキソプラズマは、細胞分裂により増える細菌と異なり、ふたつの個体でＤＮＡをやりとりする有性生殖により新しい個体を作ることもある。その有性生殖にはリノール酸という化学物質が豊富に必要だが、哺乳類の中では唯一、ネコ科の動物の腸管内に豊富にリノール酸がある。だからネズミに感染した場合、神経伝達物質の働きを攪乱させ、ネコに食べられやすくなるように操るのだと考えられている。

「このようにトキソプラズマは自分にとって子孫を残せる場所、つまりネコ科の動物の胃袋へたどりつくことができます。なかなか洗練された生存戦略を持っているでしょう？　高度な知性があるようにすら見えます」（フレグルさん）

人間の場合、トキソプラズマに感染すると何か行動に影響は出ないのだろうか。フレグルさんがトキソプラズマの感染者のさまざまなデータを分析したところ、興味深い関係性が見つかった。それは交通事故。なんと感染者では事故の割合が２・６５倍も高かったというのだ（１５７ページの写真25）。

「感染者は交通事故のリスクが高いことが判明しました。運転中のときもそうでしたし、歩行者として近づいてくる車に気づかず、はねられるときもそうでした。性格や人格は、私たちにとっていちばん大事で、誇りに思う部分でもあるでしょう。しかし、実際には遺伝や環境に操られて

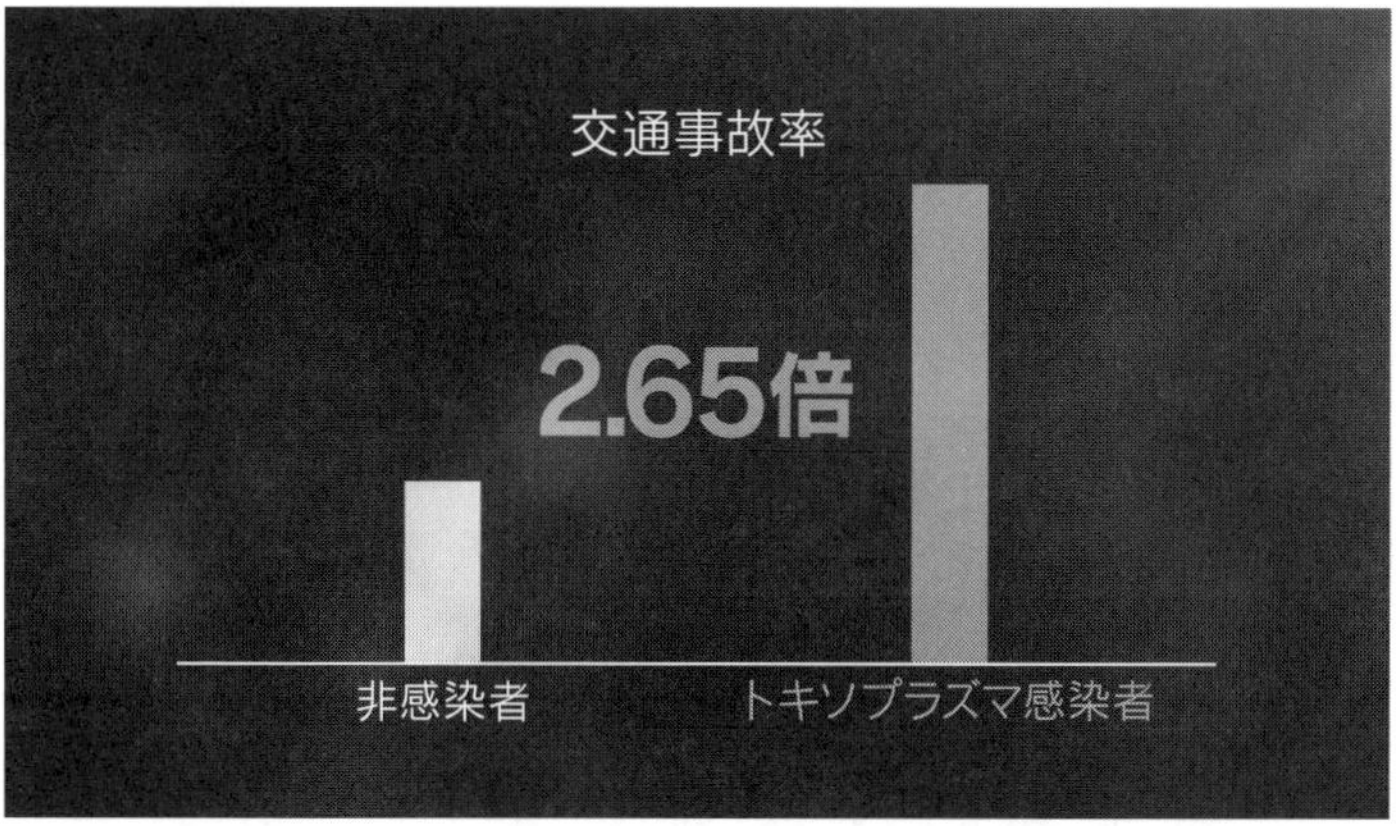

写真25　人間がトキソプラズマに感染すると、交通事故の割合が2.65倍になると判明。運転手であれ歩行者であれ、行動が変容しリスクが高まるのだという

います。微生物たちもその環境のひとつと考えるべきだと思います」

トキソプラズマに感染することで交通事故に遭ったり、起こしたりするリスクが上がるとすれば、それは恐ろしい。一方、その大胆さのおかげか、起業家や起業に興味のある人の中で感染者の割合が多いとする研究もある。

なぜ、トキソプラズマは人間の脳を操るのだろうか。フレグルさんは、かつて人間がアフリカの草原で、肉食動物の近くに住んでいたことと関係していると考えている。その頃には次のような場面にもしばしば遭遇したはずだ。

そろりそろりとライオンが人間に近づいてくる。その気配に人間が気づいたときにはもう遅い。ライオンは人間をがぶっと食べてしまう。もし餌食になった人間にトキソプラズマが感染していれば、ライオンに感染することができる。

トキソプラズマが子孫を残せるのはネコ「科」。つまり、トキソプラズマは人間を大胆で不注意にさせ、ライオンのもとへ行くように操ったというのだ。今では人間はライオンの近くにいないが、トキソプラズマはそれを認識しておらず、交通事故に遭わせているのではないか。フレグルさんはインタビューで取材班にそう力強く答えた。

他にも微生物が生き物を操る例がある。

種子島にいるキタキチョウというチョウの細胞の中で暮らす「ボルバキア」という微生物は、チョウの染色体を操ってメスにしてしまう。2022年5月に種子島で行われた奈良教育大学准教授の小長谷達郎さん、福井大学助教の宮田真衣さんの調査では、3日間で捕獲した106匹のうち87匹がメスだった。ボルバキアの感染がない本州では、オスのほうが多く捕獲されるのが普通で、種子島のように8割以上もメスが捕まるのは異常だという。

ボルバキアは卵に入りこみ、次の世代に遺伝していく。そのためオスに感染してもその個体内にしか子孫を残すことはできないが、メスなら、卵に入りこみ、次世代のチョウの個体内でも子孫を残せる。だからボルバキアにとってメスの数が多いほうが好都合なのだ。

ぎょっとするかもしれない。だが、自分の特性を活かして、居心地のよい場所で増えていく行為そのものは、生き物として当然でもある。

太古の祖先が微生物を細胞に取りこみ危機を脱した

一方、棲みつかれた側も微生物を利用し、その能力を借りて進化する道が拓ける。微生物は他の生き物の「進化の駆動力」にもなる可能性が、最新研究によって見えてきたのだ。物語の始まりは、何十億年も前にさかのぼる。

誕生してまもない地球の大気には、酸素がほとんどなかった。現在の火星や金星と同じく、太古の地球の大気のほとんどを二酸化炭素と窒素が占めていた。

現在の地球の大気では酸素が約21％を占めている。これほど酸素の濃度が増えたのは今から約20億年前、太陽光のエネルギーを使って、二酸化炭素と水から糖やデンプンを作り出す、つまり光合成を行う細菌「シアノバクテリア」が急速に勢力を伸ばしたからだ。シアノバクテリアが二酸化炭素と水から栄養分を作り出した後、ゴミとして酸素を捨てる。シアノバクテリアの急増に伴い、どんどん酸素が捨てられ、大気にたまっていった。

酸素濃度の上昇は、海の中でひしめいていた微生物たちに大災害をもたらした。普段、消毒に酸素を発生させるオキシドールが使われるように、酸素には殺菌作用があるからだ。

だが、酸素により細菌が大量絶滅に追いこまれたものの、全滅したわけではない。一部は深海や地下深くに潜って嫌気性細菌として、別の一部は酸素をエネルギーとして利用する好気性細菌として生きのびた。

一方、細菌とは別系統の「アーキア（古細菌）」と呼ばれる微生物も海の中で暮らしていた。実は、このアーキアの一種「アスガルドアーキア」の一部が、この酸素の危機を思いもよらない方法で生きのびた可能性が浮かび上がってきた。そしてそれこそが私たち人間を含む動物、植物、菌類など真核生物の直接の祖先ではないかと考えられている。

では、酸素に対応する能力を持たなかった真核生物の祖先アーキアは、絶滅の危機をいかに乗り越えたのか。この謎に迫る仮説に今、注目が集まっている。

仮説を提示したのは海洋研究開発機構（ＪＡＭＳＴＥＣ）の井町寛之さんと、産業技術総合研究所（ＡＩＳＴ）の延優（Masaru K. Nobu）さんらの研究グループだ。そのきっかけは２００６年、日本の有人潜水調査船「しんかい６５００」を使い、真核生物の祖先に近いアスガルドアーキアを含む深海の泥を採取したことだった。

研究グループは12年もの歳月をかけ、深海の泥からアーキアのみを取り出して培養することに世界で初めて成功した。それまでは採取されたサンプルから得られた遺伝情報しかなく、アーキアの姿も機能もまったくわかっていなかったが、培養の成功により真核生物の祖先の特徴が明らかになったのだ。

彼らが論文をまずプレプリントサーバー（専門家による査読を受ける前に論文を公開するインターネット上のサイト）に掲載したところ、『サイエンス』誌では「ブレイクスルー・オブ・ザ・イヤー」のひとつに選ばれ、イギリスの科学誌『ネイチャー』編集部からは「ぜひ掲載させてほしい」と

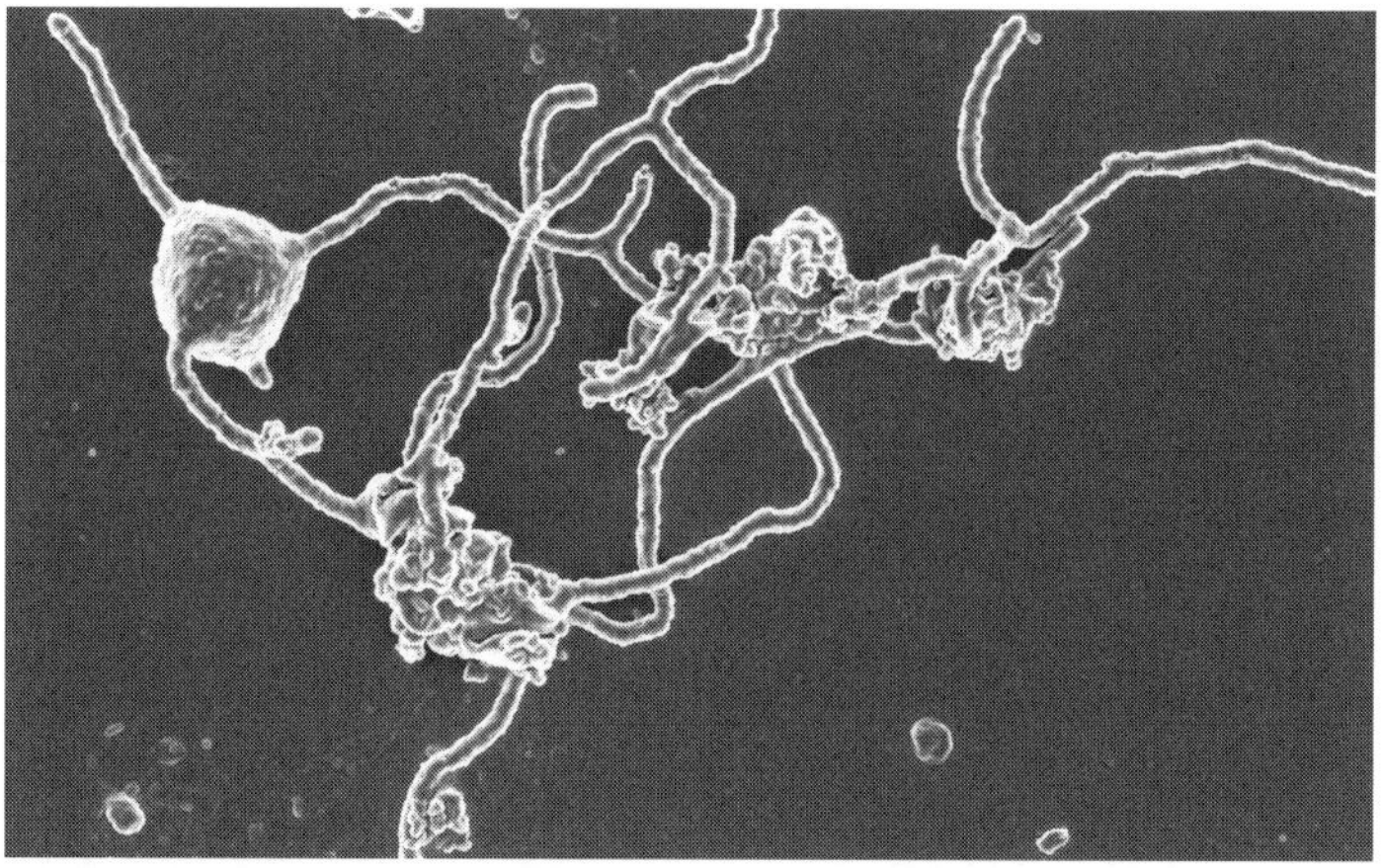

写真26　アーキア（古細菌）と呼ばれる微生物が、和歌山県沖の深海の泥から発見された。私たちの直接の祖先にあたるアーキアの培養が、12年の試行錯誤を経て初めて成功。そのアーキアは細胞外に腕のようなものを伸ばすという特徴を持っていた。

依頼の連絡が来た。世界の二大有力科学誌からそれだけの扱いを受けるのは前代未聞だという。それほど注目度の高い研究成果だった。

研究グループにとって何より驚きだったのはその姿だったという。普段は丸い形をしているアーキアが、あるとき長い腕のようなものをたくさん伸ばしていたのだ（上の写真26）。

「そんな形を持っている微生物を見たことがなかったので、最初に顕微鏡を見たとき、本当にびっくりしました。別の人工的なものが混ざってしまったんじゃないかと疑ったくらいです」（井町さん）

実は、他の微生物が持っていないアーキアの長い腕こそ、20億年前、ご先祖様が酸素の危機を乗り越えた能力だったのではないかと言う。

真核生物の誕生について、研究者たちは次のような筋書きを考えている。

酸素が増えてきた環境の中で、アーキアは酸素に対応する能力を持たず、死の瀬戸際に追いこまれていた。その周囲には酸素の世界に適応していた好気性細菌がいた。アーキアは好気性細菌と共生することで、酸素を解毒してもらっていた。環境中の酸素濃度が上がるにしたがい、その共生関係は密になり、最終的にアーキアの腕に絡めとられた好気性細菌は、アーキアの細胞内に取りこまれた。こうして、アーキアは危機を回避すると同時に、好気性細菌にエネルギーを作らせる真核生物細胞へと進化した――。

「他者を細胞に入れるのは、当時の微生物にとって病気になるようなものです。そこをどうにかして共生関係を結んだのが、われわれ真核生物の誕生に当たって重要なファクターであったと考えています」（延さん）

すべての能力を自分で進化させる必要はない。誰かの能力を借りて組み合わせればいい。手段を選ばず、新しい進化の形を見つけ出したのが、私たちの祖先だったのだ。

私たちの体内で酸素をエネルギーに変えている「ミトコンドリア」の祖先は、かつてアーキアが取りこんだ好気性細菌だったと考えられている。

同じような共生関係は今も地球のあちこちで結ばれている。たとえばゾウリムシの一種ミドリゾウリムシは、クロレラと呼ばれる植物プランクトンをしばらく近くに置いておくと、取りこんで合体する。ミドリゾウリムシは、クロレラに棲処や二酸化炭素などを提供する一方、クロレラは光合成で得た栄養分をミドリゾウリムシに提供する。両者はそれぞれ単独でも生きていけるが、一緒にすると共生関係を結ぶ。微生物たちはこのような「お試し共生」をして、新しい生き方を模索しているのかもしれない。

祖先たちは腸内細菌を得て陸上進出を果たせた

私たちの祖先、真核生物は単細胞生物から多細胞生物へ、大きく、複雑な魚類へと進化した。そして再び、微生物の進化の駆動力を借りて飛躍を遂げる瞬間がやってくる。

それは私たちの祖先となる原始の脊椎動物が陸に上がろうとしていた頃のことだった（XVページの口絵⑳）。

祖先（の脊椎動物）はヒレや肺を発達させたおかげで、陸上で呼吸し、体を支えることはできた。しかしもちろん呼吸だけで生きていくことはできない。陸地で食べるものが必要だ。しかし水中と陸上では勝手が違う。陸上で何を食べればよいのか。

この課題に深くかかわる体の部分といえば、もちろん腸だ。実はこの「陸上進出」と「腸内細菌」の誕生には大きな関係があったのではないか。２０１８年に日本人研究者たちが発表した論文から、そんな可能性が見えてきた。著者らは論文の中で、さまざまな生物の腸の詳細な観察とゲノム解析を踏まえ、次のような提案をしている。

もともと、動物の腸は網目状のシートで覆われていた。食べた物の分解物や消化酵素を通す一方、微生物は網目より大きいのでシートを通過できず、体の外に排出されるので、病気を防げる。しかし、あるとき腸に大変化が起きる。腸を覆う網目状のシートが失われ、腸が分泌するゼリー状の成分からなる層が厚くなった——。

もしこの提案が正しいとすると、微生物が腸に直接棲みつけるようになる（XVページの口絵㉑）。そのおかげで、たとえば、陸の植物の硬い繊維を分解できる微生物を、体内に宿すことができたのかもしれない。

沖縄科学技術大学院大学研究員の中島啓介さんが語る。

「海水中と陸上ではアクセスできる食べ物が違います。陸上の食べ物を上手に消化・利用するためには、それに適した消化腸内細菌の存在が重要だったと考えられます。敵を排除する仕組みから一歩進んで、共生することによって自分たちではできなかったことを実現しているのはとても面白いと思いますね」

こうして私たちの祖先は微生物と手を組み、陸へと爆発的に広がっていった。

健康を支える「腸内細菌」の存在は、壮大な歴史とともにあるかけがえのないものだ。

私たちは微生物の力を借りて進化を続けてきた。微生物との分かちがたい深いつながりが、あなたという存在を築き上げているのだ。

お母さんから赤ちゃんへの「お弁当箱」

私たちの祖先は、他者を排除せず、むしろともに生きることで、困難を突破したという新しい一面が見えてきた。長いあいだ、微生物の力を借りて、生きのびてきたのだ。

写真27　微生物と昆虫の密接な共生関係の例として、マルカメムシがある。
母親から子どもへ、共生細菌の詰まったお弁当箱のような粒が渡される。
産みつけた白い卵のあいだに、黒い共生細菌カプセルが見える。

微生物とともに進化してきた点では植物も同じだ。4億年以上前、水の中で暮らしていた植物の祖先にとって、陸は乾燥し、栄養もない、過酷な場所。そこで植物を助けてくれたのが微生物だった。菌が根の部分に付着し、リンや窒素など植物の生長に欠かせない栄養素を吸い上げ、植物に提供してくれたのだ。植物も光合成で作り出した糖分や脂質を菌根菌に分け与えた。こうして微生物と共生関係を結んだ植物は上陸に成功した。

昆虫も例外ではない。日本の本州、四国、九州で普通に見られる丸っこい姿のカメムシであるマルカメムシは、20個ほどの卵を2列に並べて産みつける。そのとき、一緒に小さな黒い「粒」を肛門から出して卵のあいだに置いていく（上の写真27）。マルカメムシの赤ちゃんは、生まれると真っ先にその黒い「粒」に口を突き刺して中身を吸う。

一体何のために？　産業技術総合研究所首席研究

員の深津武馬さんは、マルカメムシの黒い粒は「共生細菌カプセル」であり、中には特別な微生物が詰まっていることを明らかにした。

マルカメムシはクズという道端によくある雑草の汁を吸って生きている。植物の汁には糖分は豊富だが、それだけでは体の成長に必要なタンパク質の材料を作れない。ではマルカメムシはどうやってタンパク質を得ているのか。

「マルカメムシの共生細菌カプセルを調べると、中に入っている微生物が、クズの汁からタンパク質を作るために必須なアミノ酸を作っていることがわかりました」(深津さん)

この黒い粒、共生細菌カプセルはなんと、お母さんから赤ちゃんへの微生物を伝えるための「お弁当箱」のようなものだったのだ。微生物がタンパク質のもとになる必須アミノ酸を供給しているおかげで、マルカメムシは生きていた。

「生き物の進化史を見ると、どんな生き物の体の中にも、あらゆる環境にも、微生物はあまねく存在していて、もう無視できないというか、すごく大きな影響を与えています」

微生物との共生関係は、絶滅の危機に瀕する種の保存でも決定的な役割を果たすかもしれない。2022年、オーストラリア政府はコアラを絶滅危惧種に指定した。西シドニー大学准教授のベン・ムーアさんらは、コアラの保護に微生物を活用する研究に取り組んでいる。

コアラの主食と言えば、ユーカリの葉だ。しかし一口にユーカリといってもさまざまな種類のユーカリがあり、偏食で知られるコアラは、好みの種類のユーカリしかほとんど口にしない。そのため、森林火災や交通事故で、もとの生息地から離れた環境で保護されたコアラに、好みのユーカリ以外の葉を与えても食べてくれないという問題があった。

ムーアさんらが明らかにしたのは、コアラの偏食に腸内細菌がかかわっていることだ。ユーカリは種類ごとに異なる毒や消化しにくい成分を持ち、それを消化する腸内細菌を持っているかどうかでコアラの好みが決まるという。コアラはその腸内細菌を赤ちゃんの頃に親から譲り受けるので、もとの生息地にいる限り、特定の種類のユーカリの葉を食べて消化することができる。しかし、別の地域のユーカリの葉を食べても、消化に適した腸内細菌を持っていなければ、うまく栄養を得られない。

そこでムーアさんらは、ある種類のユーカリの葉を食べるコアラの腸内細菌を含む糞便を、別の種類のユーカリの葉を食べるコアラに移植してみた。すると、糞便移植を受けたコアラはそれ以前は食べられなかったユーカリの葉を消化し、よく食べるようになったという。今後、コアラの保護に腸内細菌の存在が欠かせないものになるかもしれない。

植物も、昆虫も、哺乳類も、生物はみんな微生物とワンセットの存在だということが明らかになってきたのだ。

地球の50%もの光合成を微生物が担っている!

さらに、微生物が影響を与えているのは生き物たちだけではない。地球そのものとも深くつながり合っていることがわかってきている。

イギリス、ドーバー海峡の「白い崖」。天気がよければフランスが望めるほどヨーロッパ大陸に近く、観光スポットとしても人気の断崖を作り出したのは、微生物だ。崖の白は、白亜紀の円《えん》石藻《せきそう》など、１億年前の微生物の化石の色なのだ。

アメリカ、カリフォルニアの光る海の色も、微生物が作り出したもの。ぶつかる波に刺激されて、渦鞭毛藻類《うずべんもうそうるい》などの微生物が発光物質を放っているのだ。

同じくアメリカ、イエローストーン国立公園の間欠泉にも微生物がかかわっている。直径１００メートル以上、深さ約50メートルでアメリカ最大、世界でも第３位の大きさだが、目を引く特徴は７色の鮮やかな光を放っていること。太陽光がプリズムで虹色に分解されたように見えることから「グランド・プリズマティック・スプリング」と呼ばれ、親しまれている熱水泉だ（XVIページの口絵㉒）。実はこれらの色は、それぞれ違う温度で生きる各種の好熱菌が作り出す色素によるものだ。

微生物と地球のつながりは風景だけではない。最新研究は、微生物は地球環境にとって欠かせない働きをしていることを明らかにしつつある。

近畿大学教授の牧輝弥さんが取り組んでいるのは、空気中に漂う微生物たちの研究だ。ビルの屋上、森林、砂漠、洞くつの他、ヘリコプターで高度３０００メートル以上の上空を飛び、調査

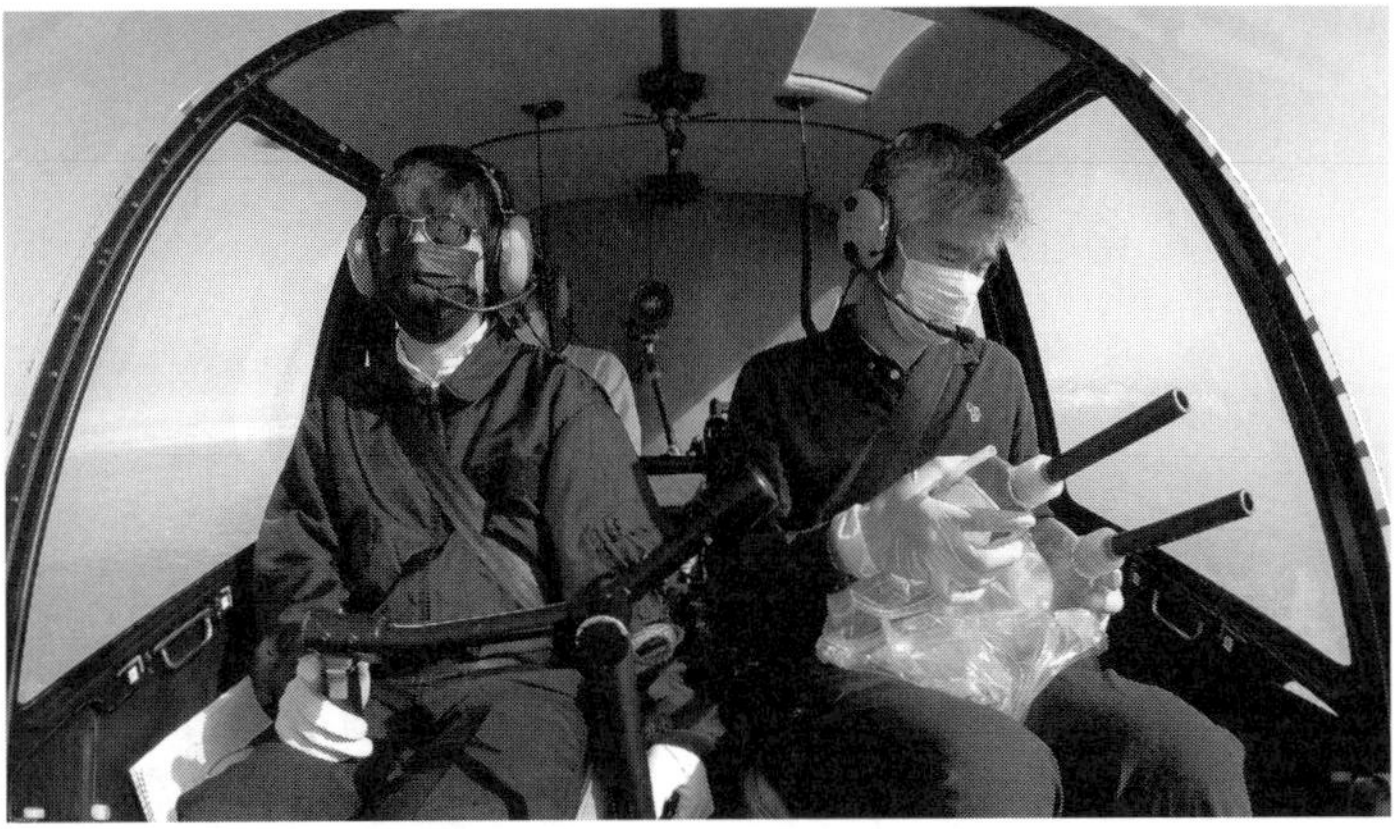

写真28　近畿大学教授の牧輝弥さん（右）は、上空の空気中に漂う微生物をヘリコプター調査で吸い取る。毎分500リットルの空気を特殊な装置で集めた。
こうした調査で数百種類の微生物が確認され、地球環境に不可欠な微生物も見つかった。

を行う（上の写真28）。気温が低く、栄養分もない過酷な環境に、微生物がいるかどうかを確かめるためだ。

取材班は2022年春、牧さんのヘリコプター調査に同行した。

ヘリコプターに載せた特殊な装置でまず毎分500リットルの空気を吸い取り、大気中の浮遊物を濾し取る。こうした調査を重ね地上でこれを詳細に解析すると、さまざまな微生物が大気に含まれていることがわかってきた。その数なんと数百種類。

その中に、地球環境に不可欠な役割を果たしている微生物が見つかった。

光合成をするシアノバクテリアもそのひとつだ。多くは海の中で植物と同じように二酸化炭素を吸い、酸素を出しているが、風などで舞い上がり、大気中にも存在するようだ。

実は、地球全体のうち微生物が担う光合成の割合はなんと約50%。陸の植物全体に匹敵するほど微生物が貢献しているという。

空気中の窒素を植物の栄養分に変える微生物も上空で見つかった。その微生物は特殊な化学反応を起こし、窒素から自然界にあるアンモニアや硝酸のほとんどを作り出す。もしそれを肥料にトマトを育てれば、実に1京個分が育つほどの量だ。

このように地球の生態系に欠かせない二酸化炭素、酸素、窒素の多くは微生物によってコントロールされているのだ。

それだけではない。牧さんは「バチルス」という微生物に注目している。バチルスは先に触れたクロストリジウム（149ページ）などと同じく、鎧のような硬い膜、芽胞殻を作る。その強さのおかげで地球の幅広い地域に分布し、砂漠でも多く見られる。バチルスの特技は、砂粒の成分を溶かし、赤血球に多く含まれる鉄イオンなどのミネラルを取り出すことだ。ちなみにミネラルはタンパク質、脂質、炭水化物、ビタミンと並ぶ、五大栄養素のひとつとして知られる。

それではなぜこの微生物が日本上空にたどり着いたのか。

目にも見えない小さなバチルスは、中国奥地の砂漠から舞い上がったものと考えられる。砂粒をミネラルに変えながら、凍えるような上空3000メートルの風に乗って旅に出たのだろう。バチルスとともに砂漠を出発した微生物のほとんどは、低温で、水分もなく、紫外線にさらされ、栄養分もとぼしい過酷な上空の長旅に耐えられず、死んでいく。生き残るのはほぼバチルスだけだ。

砂漠から太平洋へと向かう砂粒の中に、バチルスによって溶かされた大量のミネラルが含まれていると考えられる。

「黄砂の砂粒子の上にも多種多様な微生物がのっているということがわかってきました。それがずっと太平洋の沖合まで飛んでいって落ちる」（牧さん）

5000キロメートルの旅を経て、海へとたどり着いたミネラルは、そこで暮らす微生物の貴重な栄養分になり、海の生態系を支えている可能性があるというのだ。

「目に見えないのに、それが集まるとめちゃめちゃ大きいことをしているというパラドックス。そこが微生物の面白いところです。微生物は偉大なんですよ」

微生物のひとつひとつは見えない。しかし私たちはその微生物によって生かされている。そしてこの地球もまた、微生物によって支えられている。実は微生物こそ、この星の主役なのかもしれない（XVIページの口絵㉓）。

微生物のコミュニケーション手段を世界で初めて解明

植物や昆虫が、化学物質を介してコミュニケーションをとっているのは、前章までに紹介したとおりだ。実は、微生物も高度なコミュニケーションをとっていることが最新の科学で明らかにされつつある。

筑波大学教授の野村暢彦さんは、そんな微生物の〝会話〟に耳を傾ける研究者のひとりだ。2000年代初頭、野村さんは、当時最先端の顕微鏡で緑膿菌《りょくのうきん》と呼ばれる微生物の集団を観察しその形が、「まるで都市のようだ」と驚いたという。

「微生物にも『社会』があると直感的に思いました」（野村さん）

微生物の集団が作る膜のような構造を「バイオフィルム」という。排水口、花瓶の内壁、あるいは歯を指で触ったとき、ヌメリを感じたことはないだろうか。あの正体がバイオフィルムだ。

野村さんはバイオフィルムを「生きたまま」観察し、それがのっぺりした2次元の膜ではなく、3次元の複雑な構造を持っていることを明らかにしてきた（XVIページの口絵㉔）。

「バイオフィルムの形状が、周囲の環境に合わせてダイナミックに変わるんです」

たとえば緑膿菌は栄養不足の環境に置かれると、細長い空洞やマッシュルームに似た構造を持つバイオフィルムを作る。

「細長い空洞は一種のトンネルです。バイオフィルム内の物質循環に役立っていると考えられます。マッシュルーム構造のほうには、流れこんできた栄養源を効率的に取りこむ役割があるのでしょう」

微生物が集団で力を合わせ、臨機応変にバイオフィルムの形や働きを変えるから、排水口などのヌメリはなかなかとれないのだ。

微生物たちはどのようにバイオフィルムの形や働きを変えているのか。

「人間なら誰が何を引き受けるのかを話し合いで決めます。微生物も同じです。もちろん発声器官を持っていない微生物が、声を出して相談するわけではありません。実際に使うのは化学物質です」（野村さん）

なんと微生物も化学物質を介して〝会話〟しているのだ。しかも、その会話物質をメンブレンベシクルと呼ばれるミクロな袋に包み、遠くの仲間に情報伝達することもあるという。

2016年、野村さんたちの研究グループは、メンブレンベシクルが作られる仕組みを明らかにし、世界に衝撃を与えた。最先端の顕微鏡による観察で、緑膿菌がなんと破裂し、会話物質や自分のDNAの断片を細胞膜で包みこむことで、メンブレンベシクルが作られていることがわかった。

「微生物はメンブレンベシクルを作るのに、自らの命を犠牲にしています。なぜそんなことをしているのかについては、まだ明らかではありません。しかし、微生物集団の維持や環境適応に役立っていると考えています」

野村さんは、人間こそ最も進化した生物であるという考えは間違いであり、微生物のほうが、人間よりもはるかに高度な進化を遂げているという。

「私たち人間や他の動物、植物の体には相当数の微生物が棲んでいます。私たちは単に微生物に棲処や栄養分を提供しているだけではありません。微生物からもさまざまな機能を提供してもらっています。私たちが健康や生命活動を維持できるのは彼らのおかげです。その意味で、あらゆる生き物は、微生物との共同体として生きているわけです。いわばスーパーオーガニズム（超生命体）です」

敵も味方も殺す抗生物質が過剰に使われている

すばらしい能力を持ち、私たちと地球を支えてくれている微生物。

しかしコレラ、ペストなど、人間に危害をおよぼし、命まで脅かす微生物もいる。

人類は感染症との長い戦いの中で微生物を殺すことに力を注いできた。

感染症との戦いで、これまで多くの命を救ってきたのが病原菌を殺す作用を持つ抗生物質だ。

たとえば胃の粘膜にいるピロリ菌を抗生物質で除去することで、胃がんの予防に大きな成果が上がっている。

アメリカ・ラトガース大学先端バイオテクノロジー・医学センター所長のマーティン・ブレイザーさんは長年、ピロリ菌を研究し、この菌が胃がんを引き起こす仕組みを解明した。しかしその後、ピロリ菌には胃食道逆流症や食道腺がん、アレルギー、喘息などを抑える働きがあることを突き止めた。

抗生物質の投与を慎重に行うべきケースもあるという。

「問題は、抗生物質はわれわれが思うほどよいものなのかということです。気づいていなかったリスクはないのか。医学界では、抗生物質を使いすぎているということが広く知られてきていま

写真29　微生物がわずか3日で作ったタンパク質が、ハンバーガーのパテやチーズに変身。宇宙に進出する際にも、食料をはじめ薬や建材などを現場で作るための研究が進められている。

す。アメリカでは、抗生物質投与の3分の1は不要であると推定されているのです。古代からともに生きてきた微生物をわれわれは安易に殺してしまっている。われわれを助けてくれる微生物たちに親切にならなければならないのです」（ブレイザーさん）

宇宙進出でも微生物はかけがえのない存在に

植物や動物の陸上進出を助けたように、私たち人類の本格的な宇宙進出でも微生物が重要な役割を果たすかもしれない。

宇宙での食事に応用することをめざして開発されている、微生物がわずか3日で作ったタンパク質は、肉やチーズにそっくりの食感や栄養を再現できるという（上の写真29）。

微生物で建築材料を作る試みもある。微生物が作った菌糸と木くずを集めて作ったブロックを加熱することで、軽いのにコンクリートよりも堅く、断熱性も高い材料を生み出すための研究開発が続いている。休眠状態の微生物と、建築の骨組みだけ地球から月や火星に運び、現地で微生物に水を与えて復活させ、壁面や家具用の材料を作ってもらおうというアイデアだ。

研究をリードするアメリカ・NASAエイムズ研究センターのリン・ロスチャイルドさんが語る。

「私たちが宇宙へ行くとき、微生物は私たちのパートナーであると考えなければなりません。健康、食料、薬など、微生物がもたらしてくれるものを利用することで人類は地球外に存在できるようになると思います。今はその始まりの段階なのです」

この地球でともに暮らす、多様な生き物たち。それぞれが進化の果てにかけがえのない能力を身につけた。しかし、その力は決して独自に獲得したものではない。時に競い合い、時に助け合いながら、種を超えて深くつながり合うことこそが、進化の大きな原動力だったのだ。

生物の多様性。その本当の尊さに、私たちは気づいているだろうか。

インタビュー 1

細菌の力でがんを治療できる日を現実に

がんだけに作用する細菌を研究

シビン・ジョウ

ジョンズ・ホプキンス大学医学部准教授

抗がん剤は固形がんの奥深くに届きにくい。がんが細胞の数を増やすスピードが速いと、がんの内部に血管が作られないからだ。

しかし、抗がん剤の届きにくいような環境を好む細菌がいる。シビン・ジョウさんはその細菌を利用したがん治療研究のパイオニアだ。

約15年におよぶ基礎研究で、がんの細菌治療を確立し、その方法を用いた臨床試験が２０２２年には、全米の病院で実施されている。

がんを撃退する有力候補の細菌が見つかる

がん患者の命を救いたい。そんな思いから、がんが発生する仕組みについて研究を続ける中、約20年前、あることに気づきました。

肺がん、乳がん、肝臓がんなど、がん細胞が塊（腫瘍）を作るがんは固形がんと呼ばれ、白血病や悪性リンパ腫など、がん細胞が塊を作らず、血液中でバラバラに増殖するタイプの血液がんとは区別されます。私たちが発見したのは、固形がんの多くに壊死している部分があるということです。

がん細胞の増殖には栄養分が必要です。ところがあまりに急速に増殖するため、血液からの栄養分の供給が間に合わないことがある。すると、特に大きな固形がんの場合、壊死する部分が出てきます。肝臓に転移したがんを調べたところ、それが1立方センチメートル以上の体積を持っていればすべてに壊死があることを私たちは発見しました。

細胞が壊死しているような部分は、がん細胞以外には見られません。そこで私たちはこの壊死部分を利用してがんを治療できないかと考え始めました。検討の結果、細菌を利用するというアイデアにたどり着きました。

がん治療に細菌を使うアイデアは突飛だと思われるかもしれませんが、前例がありました。たとえば早くも19世紀末にウィリアム・コーリー医師は、悪性軟部腫瘍（臓器、骨、皮膚を除く、筋肉、脂肪、血管、神経などの組織に発生する悪性の腫瘍。軟部肉腫とも言う）の治療を目的としてレンサ球菌を患者に感染させる試みを始めています。

彼が細菌治療を思いついたきっかけは、回復不能と見られていた悪性腫瘍の患者が、たまたま顔や四肢の皮膚が赤く腫れる、丹毒と呼ばれる炎症を患った後、腫瘍が消えて回復したという事例を知ったことでした。

その後、過去の論文を調べて同様の事例を複数見つけ、がん患者をあえて細菌に感染させる治療に取り組んだのです。

彼が使ったのは、丹毒を引き起こす化膿レンサ球菌や、健康な人が感染しても重篤な症状を引き起こさないものの、免疫力の弱った人が感染すると肺炎や髄膜炎などを引き起こす霊菌です。これらは「コーリーの毒」として知られています。コーリー医師は、細菌を使って、がんにより正常な働きができなくなった免疫系を再び活性化させれば、がんを攻撃できるようになると考えていました。

コーリー医師の治療で回復する人もいましたが、感染症で亡くなる人もおり、当時、彼は医療界からかなり批判されたようです。同じ頃、放射線治療が急速に普及し、彼の試みは時代遅れと見なされるようになりました。しかし死後、再評価が進み、今では彼は「がん免疫療法の父」と呼ばれています。

このように細菌治療の考え自体は決して新しいものではありませんが、その後、研究はあまり進んでいませんでしたし、私たちが用いた方法には、コーリー医師の方法との大きな違いもあります。

それは「コーリーの毒」が酸素のある環境でも育つ細菌（通性嫌気性細菌と好気性細菌）であったのに対し、私たちが嫌気性細菌、つまり酸素のない環境でしか活動できない細菌を使った点です。多くの腫瘍には壊死したがん細胞が含まれています。壊死部分やその周囲は無酸素か低酸素状態なので、嫌気性細菌がうまく居着いて、隣接した他のがん細胞にも侵入し、最終的に腫瘍の治癒ができるのではないかと考えました。

培養された腫瘍に、20種類以上の細菌を植えつけたところ、嫌気性細菌の一種、クロストリジウム・ノビィ菌が腫瘍内で増えてよく広がり、がん細胞を消す作用を持つことがわかりました。これは治癒効果を発揮する上で望ましい特徴です。

この細菌を患者の静脈に注射するか、口から錠剤として投与したとすると、細菌は患者の全身をめぐります。クロストリジウム・ノビィ菌は酸素のある環境では不活性のため、増殖できません。そんな彼らにとって好条件を揃えた環境が、壊死した部分のある腫瘍なのです。

さて、このクロストリジウム・ノビィ菌を新たな細菌治療の候補に選んだものの、そのままでは利用できませんでした。なぜなら、もしそのまま人体に注入すれば、短時間で死にいたる可能性があったからです。

そこで人間や動物を殺してしまう致死性の毒を作る遺伝子を特定し、これを遺伝子操作によりクロストリジウム・ノビィ菌から取り除きました。それがクロストリジウム・ノビィ－NT菌（以下、C・ノビィ－NT）です。NTはNontoxic（無毒）の略です。

細菌療法の臨床試験結果とリスク

私たちはC・ノビィ－NTを使い、研究室でできることは可能な限りすべて行いました。実験用に腫瘍を発生させたネズミ、ラット、ウサギを使い、C・ノビィ－NTを投与して腫瘍を治療できるかなど徹底的に調べたのです。

結果は良好でした。しかし、実験用の動物の腫瘍は人間の腫瘍とは違います。人間の腫瘍を治療するには人間の患者でテストする必要があります。そこで私たちはひとりの患者と16匹の犬でテストを行いました。

先に犬のほうから説明しましょう。このテストに参加してもらったのは実験用の犬ではなく、人がペットとして飼っている犬です。自然に腫瘍が発生した犬を飼い主に連れてきてもらい、C・ノビィ－NTによる治療を行ったのです。16匹のうち6匹で腫瘍の縮小が見られたのは嬉しい結果でした。驚いたのはその6匹のうち3匹で完全奏効、つまり腫瘍が取り除かれていたのです。がん細胞はなくなり、犬は完治したように見えました。飼い主の方々が「おお、素晴らしい」と喜んでいたのは忘れがたい光景です。

次にひとりの患者のケースですが、この方は腹部に悪性腫瘍（肉腫）を持ち、そこから転移した腫瘍が肩にありました。そこで肩の腫瘍部分にC・ノビィ-NTを注入したところ、驚いたことに肩の腫瘍がほとんど消えてしまったのです（151ページの写真23）。残念ながらこの患者さんは腹部の悪性腫瘍の悪化によりまもなくお亡くなりになりましたが、C・ノビィ-NTの効果は希望の持てるものでした。

私たちはこれらの成果を論文にまとめ、2014年に発表した後、さらに第1段階の臨床試験に進みました。テキサス州ヒューストンのMDアンダーソンがんセンターで24人の患者を対象に、C・ノビィ-NTを腫瘍部分に直接注入したところ、患者の40％で腫瘍の縮小が見られました。期待できる結果ではあったものの、ひとりも完治はしませんでした。2022年現在、第2段階の臨床試験に進むかどうか検討中です。

この結果を受けて、私たちは、C・ノビィ-NTを腫瘍部分に注入する細菌治療の効果を高めるべく、免疫治療を併用した第1段階の臨床試験を、同じくMDアンダーソンがんセンターで開始しました。結果が出るのはこれからですが、細菌治療に加えて免疫治療によりさらに免疫反応を強化できれば、もっと高い効果が得られるのではないかと期待しています。

ところでなぜC・ノビィ－NTはがん細胞を攻撃できるのでしょうか。私たちは次のような仕組みを考えています。患者を死にいたらしめるほどの毒素は取り除いてあるものの、C・ノビィ－NTは、いくつかの毒素を出します。たとえばC・ノビィ－NTが作るリパーゼやホスホリパーゼという酵素は、がん細胞の膜を退化させ、分解することができます。これによってがん細胞が死にます。

これはC・ノビィ－NTが直接がん細胞を攻撃する仕組みですが、他にも間接的な方法でがん細胞にダメージを与える仕組みがあります。それが免疫反応です。がんには自分たちが攻撃されないようヒトの免疫反応を抑制する作用があります。だからC・ノビィ－NTにより免疫反応を強化し、それによってがんをたたくのです。

先ほど細菌療法と免疫療法の併用療法について触れましたが、細菌療法は他の化学療法や放射線療法とも組み合わせることで、大きな効果を発揮しうると考えています。細菌療法により、従来の治療法が効果を発揮しにくかった腫瘍内部を攻撃し、残りの部分を従来の治療法でたたくことで、がん細胞を全滅させることができるのではないか。私たちが行った実験動物を使った併用療法では良好な結果が出ています。

想定されるリスクについても触れておくべきでしょう。細菌療法にも他のがん治療法と同じくリスクがあります。主なリスクはもちろん感染です。私たちは長年C・ノビィ－NTの研究をしており、どんな抗生物質がこの菌に効果があるかを知っています。したがってこの菌が毒性を発揮しているのを見つければすぐに対処できますが、注意は必要です。

細菌には有害なものもありますが、人間にとって有益なものも多くあります。細菌と人間の体の関係を学べば、人間の健康を維持したり、病気を治療したりするのに細菌が役立つことを、ぜひ知っていただきたいですね。

インタビュー 2

見えない世界に進化のカギがあった
生き物同士がつながり合う「共生」の本質に迫る

深津武馬

産業技術総合研究所生物プロセス研究部門首席研究員。東京大学大学院理学系研究科生物科学専攻教授、筑波大学大学院生命環境科学系教授を兼任。日本進化学会会長（2020－22年）。

深津武馬さんは、自身は「進化生物学者」であるという。昆虫と微生物の共生関係がどのように進化してきたのかに特に注目している。その分野の研究において、世界をリードする存在だ。

2019年よりスタートしたERATO深津共生進化機構プロジェクトで、深津さんは昆虫と微生物の共生を人工的に作り出す実験に取り組んでいる。共生の起源を解明するためだ。昆虫と微生物のあいだに見られる高度な共生関係を明らかにしてきた深津さんが、共生の本質を語る。

生きるとは共生すること

昆虫と微生物の共生関係の研究に長年取り組んできた私が伝えたいのは、「生物における共生のあり方は実に多様で面白い」ということです。

共生は決して特別な現象ではありません。たとえば、すべての動物は消化管があって、食べて、消化して、吸収して、排泄して生きています。ですから、腸内には豊富な栄養と、それぞれの動物に特有の環境があり、それぞれに独特の腸内微生物が棲みついて、共生しています。それは人間でも同様で、私たちの腸内には 1キログラムもの腸内細菌がいて、消化や、栄養や、健康にさまざまな影響を与えています。皮膚にも、口や鼻の中にも、量的にはずっと少ないですが、それぞれに独特の微生物が棲みついて、共生しているんです。

いつも一緒にいる、共生している生物同士は、おたがいがおたがいに影響をおよぼしながら進化していきます。こういうのを「共進化」と言います。共生の進化、すなわち共進化は、生き物が生きることに付随して必然的に起こる現象なのです。

それでは、これから私の研究人生を振り返ってお話しすることで、生物の共生関係がいかに多様で、ダイナミックなものなのかをお伝えしていこうと思います。

子どもの頃の虫採りから昆虫の研究へ

子どもの頃からいろんな虫を見つけるのが嬉しくて、虫取り網を手にあちこち駆け回っていました。小さな頃は近所の公園や道ばたの草むらで、大学生にもなると沖縄の離島を歴訪して、さまざまな昆虫をはじめとする生き物との出会いを追い求めてきました。

そんな中で自然に芽生えた疑問は、これほど多様な生物が地球上に満ちあふれているのはなぜなのか、さまざまな美しい姿や不思議な生態はどのように生じたのか、すなわち進化への関心です。

生物に興味があって、研究がしたくて、東京大学理科Ⅱ類に入学し、専門課程は理学部生物学科動物学教室に進みました。さまざまな動物を材料にして、発生学、生理学、神経行動学、生化学などについて学びました。ただ、授業や実習は充実していて面白かったのですが、当時の動物学教室には生態学や進化学は存在せず、昆虫を扱っている研究室もありませんでした。

ところが、ちょうど私が4年生に進級するタイミングで、アブラムシを研究している石川統《はじめ》先生が教授として赴任してこられました。石川先生は分子生物学者で、アブラムシの細胞の中にいる共生微生物（当時は謎の微生物でしたが、後年ブフネラと命名されます）を研究していました。

アブラムシは植物の汁のみを吸って生きています。植物は太陽光のエネルギーを利用して、二酸化炭素と水からブドウ糖を作ります。これが光合成ですね。植物はこのように作り出したブドウ糖を、ただちに2分子結合させてショ糖（＝砂糖）に変えて、維管束《いかんそく》を通じて運び、生長に使ったり、花を咲かせたり、果実を太らせたり、根に転流してデンプンに重合させてイモに貯蔵したりして生きています。アブラムシはこの植物の汁（＝砂糖水）をかすめとって、文字どおり「甘い汁を吸って」生きているわけです。

このように、植物の汁にはエネルギー源となる炭水化物がショ糖の形でたっぷり含まれますが、体の成長に必要なタンパク質が欠乏しています。そのため、普通の動物が植物の汁だけを餌に生きていくのは難しいのです。ところがアブラムシでは（さらにはセミ、ヨコバイ、ウンカなどの吸汁性昆虫は一般に）体の中に共生細菌がいて、タンパク質の合成に欠かせない必須アミノ酸を作ってくれるので、植物の汁だけで生きていけるのです。

石川研究室では、この細胞内共生微生物の遺伝子やタンパク質を調べることで、共生の仕組みや進化を明らかにしようとしていました。昆虫が研究対象で、進化の研究もできそうだということで、私は卒業研究の配属先として石川研究室を志望し、以来修士課程から博士課程にいたるまで、石川先生のもとで研究生活を送ることになりました。

昆虫・微生物共生の世界を知る手がかりとなった本

もっとも、アブラムシはとても小さくて、大型種でも数ミリメートルほど、軟弱で乾燥するとくしゃっと縮んでしまい、普通に標本にすることもできません（アルコールなどに入れて液浸標本にするか、中身を溶かして外骨格だけの顕微鏡観察用のプレパラート標本にするしかない）。チョウ、トンボ、カミキリムシ、クワガタムシなど、大きくて美しかったり格好よかったりする虫とは勝手が違いました。それまでアブラムシのことなどほとんど気にも留めていなかったのですが、実際に調べてみると実に面白く、次から次へと新しい発見がありました。

私の共生研究は、石川研究室におけるアブラムシと微生物の共生関係への取り組みをルーツとしています。さらに重要な契機となったのは、石川先生の教授室の書棚からお借りした、1冊の分厚い本との出会いでした。

〝Endosymbiosis of Animals with Plant Microorganisms〟（『動物と植物性微生物の内部共生』）は1965年刊（英語版）で、20世紀前半から中盤までの微生物学者たちが、手に入る限りの昆虫その他の動物の体内を光学顕微鏡で調べ、どんな微生物がいるのかを徹底的に観察した知見を集大成した、900ページ超の大著です。セミ、カメムシ、ゾウムシ、アリ、ゴキブリなど、私が子どもの頃からよく知っている身近な虫から、当時の私があまり聞いたこともなかったヒゲブトコメツキ、ホソヒラタムシなどのマイナーな虫まで、多種多様な昆虫類がそれぞれに、体の中に微生物を共生させるための特別の器官や細胞を持っていることが、圧倒的な量の手描きのスケッチで図示されています。

小さい頃からずっと親しんできた虫たちの多くが、実は微生物との複合体として生きているという想定外の事実を知り、世界の見え方が一変したのです。ちなみに、アブラムシの共生細菌ブフネラは、この本の著者であるドイツの微生物学者ポール・ブフナーにちなんで名づけられました。

アブラムシを通じて見えてきた膨大な未探索の共生の世界

ブフナーの本は、私の世界観を変えただけでなく、豊かな研究テーマの宝庫を示してくれました。この本には、多種多様な昆虫の体の中の共生微生物を顕微鏡で観察したスケッチがこれでもかというほど載っています。ただ、それらがどんな微生物で、何をやっているのかは謎でした。共生微生物の大部分は、昆虫の体内や細胞内という特殊な環境に適応しているため、宿主の体の外では生存や増殖ができなくなっています。そのため、取り出して純粋に培養することができず、共生微生物のさまざまな性質を調べることが困難だったのです。ブフナーの時代には、DNAを調べて微生物を同定することも不可能でした。

そして1960年代以降、生命現象を分子レベルで解明することをめざす分子生物学が勃興すると、大腸菌、枯草菌、酵母などの、培養可能で遺伝子操作が容易な微生物がモデル生物として用いられ、生物学は飛躍的な発展を遂げます。一方で、ブフナーの本で紹介されたような微生物はそのような潮流から取り残され、顧みられることなく忘れ去られていったのでした。

そんな状況で、アブラムシの細胞内共生微生物に着目して1980年代から研究に取り組み始めたパイオニアが石川先生でした。そして私が大学院生になった頃には、PCR法が普及して、DNA塩基配列の決定も容易にできるようになり、培養できない共生微生物であっても微量のDNAサンプルさえあれば、いろいろな性質を調べることができるようになっていました。さらにゲノム解析が可能になり、次世代シーケンサー（高速で大量のゲノムの情報を読み取り、解析する装置）も登場すると、共生細菌の全代謝系を把握したり、遺伝子発現を網羅的に解析したりできるようになり、飛躍的に研究を進めることができる時代が到来したのです。

私は石川先生の研究室で「アブラムシ類における共生体置換現象に関する進化生物学的研究」で博士の学位を取得した後、1995年に通商産業省（当時）が所管する工業技術院生命工学工業技術研究所（後に改組され、独立行政法人産業技術総合研究所に統合。通称・産総研）に入所し、やがてこれまでの自分の経験や、ブフナーの本に触発されたビジョンをもとに、昆虫共生微生物に関する広範な研究を展開していきました。これからその一部についてご紹介します。

マルカメムシのお母さんが子どものために用意する「共生細菌カプセル」

マルカメムシは、道端のフェンスなどに繁茂しているクズに群がっている、日本中どこでも普通に見られる丸っこい茶色のカメムシです。ブフナーの本には、ヨーロッパ産のマルカメムシが卵を2列に並べて産み、その卵のあいだに黒っぽい小さな塊を産みつけ、孵化した幼虫がその塊を吸っている様子のスケッチが載っています。この塊が「共生細菌カプセル」で、マルカメムシの成長や生存になくてはならない共生細菌が入っています（165ページの写真27）。

しかし1940年から50年代のドイツでの観察報告以来、マルカメムシ共生細菌についての研究はまったく行われていませんでした。私たちは日本産のマルカメムシ類について研究に取り組み、この共生細菌はすべてのマルカメムシ類が持っていて、祖先からずっと伝えられて共進化の関係にあり、マルカメムシの体の外ではもはや生きていけないことを明らかにしました。

一方、マルカメムシのほうも、この共生細菌なしでは生きていけません。卵から孵化した幼虫は、ただちに共生細菌カプセルに口を突き刺して中の共生細菌を吸います。ちなみに、前もって実験的に卵塊からカプセルを取り除いておくと、幼虫はまず卵の周りを探し、しばらくすると卵から離れてうろうろと歩き回りはじめます。その様子は、大事な共生細菌カプセルがいくら探しても見あたらず、慌てふためいて探し回っているようにも見えます。マルカメムシの消化管は、後半部がよく発達した共生器官になっていて、その内部に大量の共生細菌を保有しています。ちなみに、共生細菌を獲得できなかった幼虫は正常に成長できず、繁殖もできません。

この共生細菌のゲノムや機能を調べたところ、腸内にいる細胞外共生細菌であるにもかかわらず、アブラムシの細胞内共生細菌ブフネラと同様に、タンパク質のもとになる必須アミノ酸を宿主マルカメムシに供給していることがわかりました。アブラムシ、マルカメムシの他、セミ、ヨコバイなど、植物の汁だけを吸って生きている昆虫はほぼすべて、共生微生物が作ってくれる必須アミノ酸に頼って生きていることが今では明らかになっています。

私たちは2006年に発表した論文で、マルカメムシの共生細菌にイシカワエラという学名を提唱しました。前年に亡くなられた石川先生に献名したのです。昆虫だと見た目が特徴的なので、たとえばベニモンアゲハとかモンキチョウといった名前をつければよいのですが、微生物は形や色などの特徴に乏しいので、先に紹介したアブラムシの共生細菌ブフネラもそうですが、しばしば研究者の名前にちなんで命名されることがあります。

共生細菌のおかげで硬くなるゾウムシ

タンパク質を作るのに必要であるにもかかわらず、昆虫が自分で合成できない必須アミノ酸は10種類程度あり、アブラムシの細胞内共生細菌ブフネラや、マルカメムシの腸内共生細菌イシカワエラは、それらの必須栄養素を供給して宿主の生存を支えています。一方、さらに特殊化した機能を共生微生物が担っている例として、ゾウムシに関する私たちの研究成果をご紹介しましょう。

ゾウムシ類の多くは硬い外骨格を持っています。その中でも日本の石垣島と西表島に棲むクロカタゾウムシは、その名のとおり黒くて、つやつやで、カッチカチで、とりわけ硬い外骨格の持ち主です。クロカタゾウムシをはじめ、多くのゾウムシ類はナルドネラという細胞内共生細菌を保有しているのですが、私たちはその全ゲノム配列を決定して、ナルドネラがチロシンという1種類のアミノ酸の合成に特化していることを明らかにしました。

面白いことに、抗生物質の投与などによってナルドネラを減らしてやると、羽化してきたクロカタゾウムシはふにゃふにゃになってしまいました。チロシンは外骨格の成分を重合させて硬くするのに必要な物質です。すなわち、ゾウムシが硬いのは、共生細菌が作ってくれるチロシンのおかげだったのです。硬い外骨格は乾燥や外敵から身を守るのに役立ちます。ゾウムシがそんな重要な機能を獲得できたのは共生細菌のおかげだったのです。

共生がまさに起きこるところを観察

カメムシ類の多くでは、消化管の後ろの端に袋状の突起が多数並んでいて、その中に共生細菌がつまっています。ゾウムシ類の多くでは、消化管をとりまく細胞の集まりがあって、それらの細胞の中に共生細菌がつまっています。前者は腸内共生、後者は細胞内共生ですが、いずれも微生物を棲まわせるために特化した「共生器官」が発達しています。

自身とは別の生命体である微生物のために、体の中にわざわざ特別な場所を用意するなんて不思議なことではないでしょうか。もともとの祖先の昆虫は、そんな器官を持っていなかったはずで、別の組織や細胞が微生物のための器官に転用されたと考えられます。一体どんな中間段階を経て共生器官ができたのでしょうか。この謎は未解明であり、私たちも研究に取り組んでいるところですが、それはさらに根源的な、そもそも共生はどのように始まるのか、という大きな謎につながっています。

私たちが「ＥＲＡＴＯ深津共生進化機構プロジェクト」で現在取り組んでいるのは、そのような共生の起源の解明です。

おたがいがなくてはならないような共生関係の進化には、長い年月がかかると考えられてきました。たとえばアブラムシとブフネラとの細胞内共生関係の起源は、１億年以上の昔にさかのぼると推定されます。ですから、共生の「結果」ならいくらでも研究できますが、共生がまさに起こるところ、すなわち「起源」については、推定はできても直接に観察したり研究することは困難であると考えられてきました。ところが、そのような常識を覆すことになったのが、私たちによるチャバネアオカメムシ腸内共生細菌の研究でした。

チャバネアオカメムシはその名のとおり翅が茶色で、体は緑色のカメムシです。日本中どこでも普通に見られ、夜にコンビニエンスストアの照明に集まっているのを見たことがある方も多いのではないでしょうか。柑橘類の果実の汁を吸う害虫としても知られています。

私たちは日本列島の全域でチャバネアオカメムシを採集して、それぞれの共生細菌を調べたところ、日本の本土と沖縄などの南西諸島では、共生細菌が異なっていたのです。

生存に必要不可欠な共生細菌は、それがいないと生きていけないわけですから、同じ種類やグループの昆虫なら同じ種類の共生細菌を持っていると、従来は考えられてきました。実際、ほとんどすべてのアブラムシ類は細胞内共生細菌ブフネラを持っていますし、これまでに調べられたすべてのマルカメムシ類は腸内共生細菌イシカワエラを保有しています。

ところが、チャバネアオカメムシの場合、日本本土ではみんな同じ共生細菌を持っているのですが、南西諸島では同じチャバネアオカメムシでありながら、個体によって異なる共生細菌が検出されたのです。その中にはチャバネアオカメムシの体の中でも外でも生きていける細菌もいれば、体の中で生きる能力はあるけれども通常は体の外で生きている細菌もいました。すなわち、日本本土のチャバネアオカメムシ集団では、従来考えられていたとおりに共生細菌が1種類なのに対して、南西諸島のチャバネアオカメムシ集団では共生細菌に多様性があり、新しい共生関係が進化しつつある様子が見えてきたのです。

大腸菌を実験室でチャバネアオカメムシの共生細菌に進化させる

自然界で現在進行形の共生の進化が見られるのなら、実験室で人工的に共生を進化させることはできないでしょうか。試しに大腸菌、枯草菌、酵母など、研究によく使われるモデル微生物を、共生細菌のかわりにチャバネアオカメムシ幼虫に吸わせてみたところ、ほとんどの幼虫は死んでしまったのですが、大腸菌を吸わせた場合のみ、なんとか5～10％くらいが生き残って成虫まで到達しました。もっとも、これらの大腸菌感染虫は生育が遅れ、小さな成虫になり、緑になれず褐色で、見るからに弱々しいものでしたが、その一部はなんとか交尾して、少数ですが卵も産んでくれました。

この実験結果を見て、思いつきました。大腸菌に感染させて成虫になれたカメムシの共生器官から大腸菌を取り出して、次のカメムシ幼虫に吸わせて、成虫になれたものの共生器官から大腸菌を取り出して、また次のカメムシ幼虫に吸わせて……とくり返していったら、より共生能力の高い大腸菌が進化してこないだろうか？　もっとも、進化には一般に長い時間がかかると考えられます。

そこで、遺伝子操作でDNA修復酵素遺伝子を壊した大腸菌を作出しました。この大腸菌はDNAに生じた突然変異を直すことができなくなるので、突然変異率が100倍くらい高くなります。突然変異は進化の原材料ですから、これは進化速度が100倍くらい高くなることを意味します。とても単純化して言うと、100年かかる大腸菌の進化を1年で観察できるようになるわけです。

このような「高速進化大腸菌」をカメムシ幼虫に吸わせて共生進化実験を行ったところ、いくつかの進化系列で数世代のうちに宿主カメムシの羽化率が上昇し、体が大きくなり、体色も緑っぽくなってきました。すなわち、大腸菌が宿主カメムシの生育を支える共生細菌としての働きを持つように実験室で進化したのです。さらに、大腸菌が共生細菌化した原因遺伝子を突き止めることにも成功しました。

これは本当に驚きの研究成果でした。大腸菌はもともと、ヒトやマウスなど哺乳類の腸内細菌として分離された微生物で、カメムシとは何の関係もありません。にもかかわらず、こんなにあっという間に実験室で共生関係が進化するとは……。私は共生進化がこんなに簡単に起こるとは考えていませんでした。たぶん世界中の誰も考えていなかったでしょう。太古の昔に共生が始まった真核細胞とミトコンドリア、植物と葉緑体、あるいはアブラムシとブフネラなどが典型的な共生進化のイメージで、おたがいなしでは生きていけないような高度な相利共生の進化は滅多に起こるものではないと思われていたのです。

ところが共生進化は思いのほか、簡単に起こりうることがわかりました。そのような観点から自然界を見わたすと、実は共生微生物の多様性を説明できることに思いいたりました。たとえば、アブラムシ、セミ、ヨコバイ、ウンカ、キジラミ、コナジラミ、カイガラムシなど、植物の汁だけを吸って生きている昆虫は、みんな共生微生物に必須アミノ酸を作ってもらっていますが、それぞれの共生微生物は別物なのです。

ほとんど同じ機能を果たしているにもかかわらず、なぜ異なる多様な微生物が共生しているのか？　共生進化は簡単に起こるので、さまざまな昆虫の系統が異なる微生物を取りこんで、それぞれ独立に共生関係を進化させてきたからではないかと考えると辻褄が合います。共生は滅多に起こらない稀な事象では決してなく、それどころか今も地球上のあちこちで新たな共生関係が成立しつつあるはずだ、という進化観に到達したのです。

セミの共生菌は冬虫夏草由来

この地球上には植物、昆虫、動物、そして微生物が満ちあふれています。同じ空間を共有して生きているので、それらのあいだにさまざまな相互作用が生じることは不可避です。そういった中で、別々にいるよりも一緒にいるほうが都合のいい組み合わせができる。おそらくそれが共生の始まりです。

最初の出会いは偶然でも、いつも一緒にいるうちに、相手がうまくやってくれることなら、それを相手に任せてしまうようになる。いったん分業が始まると、やがておたがいに依存し合う関係が成立する。「あなたなしでは生きていけない」状態まで、共生が進化するのです。

もっとも、共生が必然だとしても、留意いただきたいのは、共生の形はさまざまだということです。多くの人は共生という言葉から、おたがいが利益を得る関係をイメージすると思いますが、生物学ではこれをより正確に「相利共生」と呼びます。「寄生」も共生の一種で、片方が利益を得て、もう片方が損をする関係のことです。片方が利益を得て、もう片方が特に得も損もしない関係は「片利共生」と言います。

相利共生と寄生はまったく逆の、一見したところ相容れない関係のように思えます。しかし実は、それらは決して排他的なものではなく、むしろ連続的に変わりゆく関係性のありようと捉えるべきものなのです。ですから環境や状況によって、寄生から相利共生へ、あるいは片利共生から寄生へ変化するようなことが起こります。

私たちはセミ類において、寄生関係から相利共生関係へ進化した微生物を発見しました。日本にはアブラゼミ、ミンミンゼミ、クマゼミ、ヒグラシ、ツクツクボウシなどさまざまなセミが生息していますが、それらは体内に2種類の共生微生物を保有しています。セミの幼虫が植物の根から栄養分に乏しい汁のみを吸って、何年間もかけて成長する際には、共生微生物がアミノ酸やビタミンを供給してくれているのです。

私たちは2種類の共生微生物のひとつが真菌であり、冬虫夏草《とうちゅうかそう》のセミタケ類に極めて近縁であることを明らかにしました。セミタケは、セミの幼虫に感染して殺し、キノコを生やして胞子を分散させる寄生性の糸状菌（カビ）の仲間です。しかし、セミの共生菌は酵母のような単細胞の姿で、セミの細胞の中に入っていて、DNAを調べないかぎりセミタケとは到底わかりません。おそらくセミタケの中に、セミを殺すことをやめ、共存するようになったものが現れ、やがてセミの生存に必要不可欠になり、細胞内にまで入りこみ、自身もセミの体の外では生きていけなくなったのではないかと考えられます。寄生からおたがいなしでは生きられない相利共生が進化した興味深い例と言えましょう。

日和見感染症というものがあります。健康な人や動物では何ら害をおよぼさない常在微生物が、宿主の免疫力が低下したときなどに突然暴れ始めて病気を引き起こす感染症です。これなどは、片利共生関係が寄生関係に変化する例とみなすことができます。

共生進化の本質とは何か

生物間に見られる相利共生関係は、しばしば美しく調和的に見えます。「共生」という言葉には、一般によいイメージがあるのではないでしょうか。人間社会におけるさまざまな局面において、「共生」が重要である、「共生」をめざすべきといった言説をしばしば目にします。しかし、たしかに生物間の相利共生関係は調和的で、利他的で、美しく見えますが、実はその背後にはしばしば利害対立があり、競争があり、パワーゲームがあり、妥協があり、その実現にいたる過程はしばしば死屍累々たるものがあったりして、実際には綺麗ごとではすみません。

たとえばチャバネアオカメムシと大腸菌の共生進化実験において、私は「あっという間に」「簡単に」共生が進化したと申し上げました。しかし実際には、進化実験の最初の頃になんとか成虫まで到達できるのは、孵化幼虫の100匹に数匹程度です。残りの90匹以上のカメムシ幼虫は、体内の大腸菌もろとも死んでいきます。そのくり返しのすえ、膨大な犠牲の上に、高い共生能力を獲得した共生進化大腸菌が現れるのです。進化というのは本質的にそういうものです。このように苛烈な過程を人間社会にそのままあてはめて適用するのは無理があるでしょう。

生物の進化においてもっとも大事なのは「生き残ること」です。突然変異によってさまざまに性質の異なる個体が生まれ、うまく生き残れたものが子孫を残し、大部分が死に絶える中でうまく生き残れたものが次の子孫を残す……といった過程を連綿とくり返してきた末裔が、いま私たちが目の当たりにしている多種多様な生物たちです。

独立したひとつの生物としてうまく生き残ってきた生物も多いのですが、生物界に見られる共生微生物の多様性、そして私たちの共生進化実験から見えてくるのは、異なる生物が一緒にいて、共生することによって、よりうまく生き残れるような場合が多々あって、それゆえに研究が進めば進むほど、生物間の共生関係が普遍的に見られることがわかってくるということなのでしょう。

インタビュー 3

微生物との共生を阻害する抗生物質の乱用を警告

悪名高いピロリ菌にも善玉作用があった

ラトガース大学先端バイオテクノロジー・医学センター所長

マーティン・ブレイザー

胃がんを引き起こす細菌として悪名高いピロリ菌にも善玉の作用がある。そんな驚きの研究を発表し、一時は医学界で異端視されたマーティン・ブレイザーさん。

しかしその後ブレイザーさんの細菌に対する考えは徐々に受け入れられ、腸内細菌への世間の関心を一挙に高めたアメリカの巨大プロジェクト「ヒトマイクロバイオーム計画」（2

007〜16年）では主導的役割を果たし、2015〜22年には大統領諮問委員会議長も務めた。

2015年、アメリカのTIME誌で「世界で最も影響力のある100人」に選出され、22年にはブレイザーさんの活動などを描いたドキュメンタリー映画「インビジブル・エクスティンクション（目に見えない絶滅）」が公開されている。

細菌が体内でいかに賢く振る舞うかを実感

私はこれまで、人の生命維持や健康に微生物が与える影響を研究してきました。今では、人は微生物と良好な関係を築き、ともに病気と闘うべきであると考えています。

しかし、最初からこんな考えを持っていたわけではありません。そもそも私が微生物を研究することになったのもたまたまのことでした。

私は医学部で内科医としてのトレーニングを積み、その後もう少し専門性を身につけたいと考え、それにふさわしい研究室を探し始めました。内分泌学、リウマチ学、免疫学、感染症学あたりがよさそうだと考えていましたが、どの研究室も定員がいっぱいで、また翌年どこかに応募するつもりでいたところ、急遽、感染症学の研究室に空きができたのです。こうして私の感染症学者としてのキャリアがスタートしました。

私には微生物に対して、病気を引き起こす細菌というイメージしかありませんでした。当時の医学部の教育で微生物は、肺結核、コレラ、腸チフスなど感染症の病原菌として紹介されるだけだったからです。

1977年、私が感染症の新人研修医として最初に診察したのは、33歳の髄膜炎の患者でした。幸いにも抗生物質の投与が功を奏し、患者は2〜3週間で回復することができました。もし抗生物質がなければ、彼は亡くなっていたかもしれません。当時の医師の判断は正しかったと思います。

ところで治療中の検査により、彼の髄膜炎を引き起こしたのが、ヒトにはめったに感染しないカンピロバクター・フィタスと呼ばれる細菌であることが判明しました。調べると、この菌は普段、ウシ、ヒツジ、ブタ、ニワトリなどの腸管に棲んでいることがわかりました。もしヒトに感染しても健康な人であれば、血液中の物質の働きでカンピロバクター・フィタスなど多くの細菌が排除されます。しかし患者はもともとアルコール依存でした。そのため免疫系が弱っており、血液中の細菌にうまく対処できなかったのでしょう。

ところで私はこのとき、腸管でしか基本的には生きられないはずのカンピロバクター・フィタスが一体なぜ血液、髄液、そして脳にまで侵入できるのかという謎を解き明かしたいと思いました。

その後、20年近く研究を続け、この細菌を含むカンピロバクター属の細菌が、まるで免疫系の監視の目から姿を隠すコートを身にまとうかのように振る舞い、血液中を移動していることがわかりました。カンピロバクター属の研究を通して、私は細菌がいかに賢いかを実感するとともに、科学的な研究が何たるかを学ぶことができたと思います。

ピロリ菌除去で別のがんや病気が増加

さて私がこの菌の研究をしていた頃、当時カンピロバクター属の新種とされる細菌が１９８３年に発見されました。それが後にヘリコバクター属に変更されたピロリ菌です。

同年10月、私はある国際会議で、ピロリ菌の発見者のひとりであるオーストラリア出身のバリー・マーシャルと共同研究者のロビン・ウォレンの最初の講演を聴きました。彼が示したかなりの量のデータを見る限り、新しい細菌が発見されたのは間違いないものの、まだ調べられていないことがあるように私には思われました。

なおバリー・マーシャルは、ロビン・ウォレンとともに、ピロリ菌の発見や、抗生物質によりこれを胃から取り除くと胃潰瘍が治ることを示した功績などにより２００５年のノーベル生理学・医学賞を受賞しています。

新たな菌の発見を受け、私もこれを対象に研究を始めました。そして１９８７年に開発に成功したのが、ピロリ菌に感染しているかどうかを調べる血液検査法です。この検査法を使い、いくつかの種類のあるピロリ菌のうち細胞毒関連遺伝子Ａ（ＣａｇＡ）という遺伝子を持つピロリ菌が、胃潰瘍や胃炎の他、胃がんの発症率を高めることを突き止めました。

1994年には世界保健機関（WHO）により、胃がんとの関連で、ピロリ菌はヒトに対する発がん性を持っていると認定されました。こうしてピロリ菌は、とても悪い細菌であると考えられるようになり、多くの医者が「善いピロリ菌は死んだピロリ菌である」と唱えるほどの状況が生まれたのです。

しかし私自身、ピロリ菌と病気との関連を解き明かす研究に貢献していたものの、ヒトと細菌との歴史的なつながりについて広範に研究するうちに、ピロリ菌を悪者とだけ見るのは間違いではないかと考えるようになりました。ピロリ菌は数十万年前からヒトの胃に棲みついていると考えられています。その意味で、この細菌はすでに私たちヒトの一部と言ってもいい存在だからです。

一方、ピロリ菌の除菌治療が普及するにつれて、たしかに胃潰瘍や胃がんは減ってきていましたが、別の病気が増えていることにも気づかされたのです。胸焼けを引き起こす胃食道逆流症や食道腺がんなどです。欧米諸国で増え始めてから少し遅れて、日本でもこれらの病気が増えました。

数年におよぶ研究により、胃食道逆流症や食道腺がんと、ピロリ菌とのあいだに逆相関関係があることが明らかになりました。ピロリ菌に感染していればこれらの病気の発症率は低く、ピロリ菌に感染していなければ発症率は高くなる傾向が見られたのです。

さらに、胃潰瘍や胃炎、胃がんの発症率を高めるＣａｇＡ遺伝子を持つピロリ菌に感染している人は、ＣａｇＡ遺伝子を持たないピロリ菌に感染している人よりも、胃食道逆流症や食道腺がんを発症しにくいこともわかりました。悪玉であるはずのピロリ菌や、その中でも毒性の高いタイプのピロリ菌が、食道を保護していたわけです。

ピロリ菌根絶の動きと食道疾患の増加との関連を示した後、私が注目したのは、やはり急速に患者数が増えつつあった喘息とピロリ菌との関係です。というのも、胃食道逆流症患者の多くに喘息や咳の症状が見られること、喘息患者に胃食道逆流症の治療に使われる胃酸を中和する薬を投与すると症状が改善することが、医師のあいだではしばらく前から知られていたからです。私は、ピロリ菌が胃食道逆流症を予防するなら、喘息も予防するかもしれないという仮説を立てました。

私は２０００年にアメリカのニューヨーク大学に医学部長として赴任したのを機に、この仮説を検証しようと考えました。といっても、仮説の検証には喘息患者を一定数集める必要があり、呼吸器専門の臨床医の協力がなければ研究は前に進みません。

私は医学部のボスとして、呼吸器専門医たちにぜひこの研究に取り組んでほしいと頼みました。ところが最初はなかなか彼らの協力が得られず、苦労しました。いくら医学部長でも配下の医師たちに強制するほどの力はありません。しかし彼らと議論を重ね、１年ほどして研究がスタートします。

2004年のある日、研究チームのリーダーの女性から電話がかかってきました。「驚いたことにピロリ菌と喘息のあいだに逆相関を見つけた」とのことでした。つまり、ピロリ菌に感染していると、喘息になりにくいことを発見したというのです。私は「素晴らしい。ここに来て、データを見せてくれないか。それについて議論しよう」と答えました。

それから1週間後、彼女が研究チームのメンバーとともにやってきました。私は「CagAについてはどうだろう?」と尋ねました。CagA遺伝子を持ち、強い毒性を発揮するピロリ菌が、そうでないピロリ菌よりも胃食道逆流症に対して高い予防効果を持っていたことが念頭にあったからです。

彼女は「まだ調べていない」と答えました。私ががっかりしていると、このやりとりを傍で聞いていた研究チームのメンバーのひとりで、統計学的手法に詳しい疫学者の研究員の男性が、「ちょっと待って、それならわかる」とコンピュータに向かい、キーボードに何か打ちこみ始めたのです。

まもなく明らかになった結果は、CagA遺伝子を持つピロリ菌に感染している人の喘息発症率が、CagA遺伝子を持たないピロリ菌に感染している人の喘息発症率より4割低いことを示していました。

抗生物質や食生活の影響で体内の微生物に変化が

実はピロリ菌が人の利益になっている場合もあるという私たちの考えは当初、医学コミュニティにほとんど支持されませんでした。私自身がピロリ菌悪玉説を補強する研究成果も出していたためか、批判の矛先が私に直接向けられることはなく、単に無視されていたというのが実際のところです。

大半の医学研究者は、ピロリ菌が悪さを働いていることを示す研究成果を挙げて各自のキャリアを築いていたので、私たちの考えを受け入れにくかったのでしょう。相変わらず「善いピロリ菌は死んだピロリ菌だけ」という教義が医学界を支配していました。

私は風向きを変えるべく、その後、感染症学、消化器学など教科書の一部の章を執筆する機会を利用して積極的にピロリ菌の二面性について書きました。一般向けに『失われてゆく、我々の内なる細菌』(山本太郎訳、みすず書房)を書いたのも、ピロリ菌根絶は正しいとする教義に異を唱えるためです。

医学コミュニティからの反応は芳しくなかったものの、その外側からはさまざまな反応がありました。特に面白かったのは、生態学者たちの反応です。彼らにとって私の考えは当たり前で、数十万年前から胃の中に暮らす微生物が姿を消したとき、よいことであれ悪いことであれ大きな影響が出るのは不思議でも何でもない、と。

いずれにしても微生物に対する人々の認識は少しずつ変わってきました。特に大きな影響があったと考えられるのは、2007年にアメリカ国立衛生研究所が始めたヒトマイクロバイオーム計画という5ヵ年計画です。ヒトマイクロバイオームとは、ヒトの体内や皮膚などに棲む微生物の総体です。

ヒトがさまざまな微生物と暮らしていることは、200年以上前から知られていました。微生物たちがヒトに悪さを働くことがある一方で、ビタミンを作ったり、消化を助けたり、病原体と戦ってくれたりなどよい作用をおよぼしていることも徐々に明らかになっていました。

ところが、彼らが一体何をしているのか長いあいだ謎のままだったのです。その大きな理由は、体内の微生物を体外に取り出して培養することが極めて困難であったことです。それによって各微生物の性質を詳しく調べることができませんでした。しかし、2003年のヒトゲノム計画完了、2007年の次世代シーケンサー登場、そしてコンピュータによる解析技術の発展により、微生物研究の世界が様変わりしました。わざわざ培養しなくても、ヒトマイクロバイオーム（ヒトの体に生息する微生物）のゲノムを網羅的に解析することができるようになったからです。

そのおかげで、喘息患者とそうでない人、糖尿病患者とそうでない人のヒトマイクロバイオームの構成にどんな違いがあるかといった知見がどんどん集まるようになりました。

ヒトマイクロバイオーム計画で、ヒトの体内の微生物が数百万個も独自の遺伝子を持っていることが明らかになっています（その後の推定では200万個）。ヒトの遺伝子数は2万3000個にすぎません。さらに言えば、このヒトの体内に存在する遺伝子の実に99％は微生物に由来しているのです。

ヒトの体内に棲む微生物の大半は腸内にいる腸内細菌ですが、目、口腔、鼻腔、耳腔、皮膚の他、女性の場合には膣でも細菌が繁殖しています。体中のほとんどあらゆる場所で微生物が見つかります。その数は、全部でヒトの細胞数の3倍程度だと見積もられています。私たちは微生物の世界の中に住んでいると言えます。

抗生物質が子どもの喘息や若年性糖尿病、食物アレルギーの原因!?

そんな微生物たちに今、異変が起きています。抗生物質の使いすぎや食生活の変化によりヒトマイクロバイオームの数が減ったり、構成が変わったりしているのです。

抗生物質の発見は、20世紀で最も偉大な成果のひとつであるのは間違いありません。実際、多くの人が抗生物質によって命を救われました。その結果、多くの医師が抗生物質を多用するようになりました。近年、世界中で毎年７００億個も抗生物質が投与されていると推定されています。地球上の老若男女のひとりひとりが9個ずつ抗生物質を飲んでいる計算です。

しかし、私たちが考えるほど抗生物質はよいものなのでしょうか？　何らかの害をもたらす可能性はないのでしょうか？

アメリカ疾病予防管理センター（ＣＤＣ）は、抗生物質の3分の1が本来使う必要がないのに使用されていると見積もっています。私の個人的な推定では2分の1です。医師は抗生物質のメリットについてはよく理解していますが、デメリットには注意を払っていません。それが抗生物質の乱用を引き起こしています。

私が特に心配しているのは、子どもへの抗生物質の使いすぎです。この問題を考え始めたきっかけは、1979年にCDCのある感染症の調査を行う担当官として働いたことです。

その頃、アメリカ各地の農場で、若い家畜に抗生物質が与えられていることを知りました。若い家畜に低用量の抗生物質を与えると、成長促進の効果があるという知見が70年以上も前から畜産家のあいだで広まっていたからです。当時の医学コミュニティは、健康な家畜に抗生物質を与え続けると、抗生物質耐性を引き起こし、家畜が病気になったとき抗生物質が効きにくくなってしまうと、畜産家たちの取り組みに反対していました。

私は別の角度からこの問題を考えてみました。もし若い家畜への抗生物質の投与が成長促進をもたらすなら、ヒトにも同じことが言えるのではないかと気づいたからです。実際、マウスを使った私たちの実験では、治療に必要な容量より少ない抗生物質を与えたマウスでは、脂肪量が抗生物質を与えていないマウスに比べて約15%増えることがわかりました。興味深かったのは、特定の抗生物質に引き起こされるのではなく、どの抗生物質を与えても同じ効果がみられるということでした。つまり、何かの抗生物質の副作用によって脂肪量が増えたのではないということです。

私たちはその後、マウスの糞便の分析などから、抗生物質が腸内細菌の構成を変えることを突き止めました。抗生物質の投与によって、ある腸内細菌が減る一方、別の腸内細菌が増えていたのです。増えたのは、腸内の未消化食物を短鎖脂肪酸に変える腸内細菌でした。この短鎖脂肪酸が大腸で吸収されるので、抗生物質を投与されたマウスは、結果的に食べすぎて太るのと同じになると考えられます。

子どもに見られる肥満、喘息、若年性糖尿病、食物アレルギー、神経発達異常などは、人生の初期に投与された抗生物質により、腸内細菌の構成が変わったために引き起こされたのではないかと私は考えています。子どもの免疫系も、代謝系も、そして体の中に棲んでいる微生物たちもまだ成長の途中段階にあります。私が多くの方に知っていただきたいのは、抗生物質によりその成長が邪魔される恐れがあるということです。

すべての抗生物質はやめるべきであると言うつもりはありません。細菌感染で死の危険がある人には躊躇《ちゅうちょ》せず抗生物質を使わなければなりません。しかし、そこまでの状態の人は決して多くないのです。細菌感染症の症状が軽い人にまで抗生物質を使うのは間違いです。

ピロリ菌については大人になったら除菌してもかまいませんが、子どもにとってはメリットのほうが大きく、もし保菌していなければ、あえて感染させることも視野に入れるべきです。

私は『失われてゆく、我々の内なる細菌』の冒頭に、古生物学者のスティーヴン・ジェイ・グールドが残した次の言葉を掲げました。

「私たちは細菌の時代に生きている（始まりのときから、今も、そして世界が終末を迎えるまで）」

私も、まったくそのとおりだと考えています。人は微生物なしでは決して生きていけないのです。

インタビュー 4

微生物の〝会話〟が医療・食・環境問題解決の武器に

人類を救う微生物の生存戦略

野村暢彦

筑波大学生命環境系教授、筑波大学微生物サステイナビリティ研究センター・センター長を兼任。JST「ERATO野村集団微生物制御プロジェクト」「ACT－Xプロジェクト環境とバイオテクノロジー」を統括。

医療、食、環境の諸問題の解決に微生物は決定的役割を果たすが、微生物が好きというわけではない――。微生物学者でありながら、こう公言してはばからない野村暢彦さんは、誰よりも微生物を観察し、その「声」に耳を傾けている人である。

2015年から22年まで野村さんが研究統括を務めたJST「ERATO野村集団微生物

制御プロジェクト」では、生きた状態で微生物を可視化する新たな技術を開発した。

野村さんが注目するのは、微生物の集団だ。微生物は、単独で活動しているときと集団で活動しているときではまったく異なる振る舞いをするという。

環境問題の解決に微生物の知識が欠かせない

人体には皮膚の表面、口の中、腸の中などに無数の微生物が生息しています。特に腸には40兆個もの腸内細菌がいると言われます。しかし微生物は肉眼で見えないので、彼らを身近に感じている人は少ないのではないでしょうか。

土と砂について考えると、微生物の存在の大きさを実感できるかもしれません。土と砂で、何が違うのか？　最大の違いのひとつはそこに存在する微生物の数です。土、特に肥沃な土壌には1グラム当たり（親指の第一関節までの大きさくらいの量です）、1億から10億個の微生物が棲んでいます。一方、砂漠の砂には同じ1グラム当たりに数千個です。数千個なら十分多いと思われるかもしれませんが、土に比べると100万分の1から10万分の1程度しかいないのです。

土に生息する微生物は、水分を保持したり、栄養分を蓄えたりなどさまざまな機能を担っています。砂ではなく土で植物が育つのはそのおかげです。環境問題のスローガンとしてしばしば「緑を守ることが大事である」と言われます。この場合、緑は植物を指しますが、植物を守るためには土を守らなければなりません。そして土を守ることは結局、微生物を守ることと同じです。ほかにも、石油を分解したり鉄など金属を食べる微生物までいて、環境問題を解決するためにはまず微生物について知る必要があると言えます。

一体どうすれば微生物のことを理解できるでしょうか。

私の方法は、微生物の会話に耳を傾けるというものです。一体どういうことなのかと思われるかもしれません。しかし今、私たちは微生物が発する言葉を捉え、その内容を理解し始めています。

これから順を追って微生物研究の最前線をご紹介します。彼らの会話を理解し、適切な手段で呼びかければ、環境問題のみならず、私たちの食、健康、医療などの問題を解決する新たな道が切り拓かれることがおわかりいただけるはずです。

私は微生物の研究を始めて30年以上経ちます。しかし微生物好きというわけではありません。この分野に足を踏み入れたのは、大学4年の卒業研究の配属先として、世界レベルで認められる成果を挙げている研究室を選んだからです。大学院に進学したのも、有り体に言えば、まだ就職したくないと思ったからです。

最初は興味を持てなかった微生物ですが、教授に与えられたテーマには真剣に取り組みました。そのうちに少しずつ、微生物を研究するのは楽しいと思えるようになったのです。自分なりの研究テーマも見つけることができました。

「生きたまま」の微生物集団を観察して息を呑む

しかし、微生物の面白さに目覚めたのは、筑波大学に着任してしばらく経った2003年のことです。あの日のことは忘れられません。修士課程の大学院生のひとりから、「先生、すごいびっくりするようなものが見えました」と呼ばれたのです。モニターを見て思わず息を呑みました。

それはまるで都市のようでした。その実体は緑膿菌の集団です。緑色蛍光タンパク質(GFP)の遺伝子を組みこみ、細胞が光るようにしていたので、緑膿菌の集団が複雑なネットワークを作っている様子がよくわかりました。微生物に対する私の印象はガラッと変わりました。

緑膿菌は細菌の一種ですから、単細胞生物です。当然ながら彼らに脳はありませんから、もちろん何か考えてそのようなネットワークを作っているはずがありません。しかし、ひとつひとつは単細胞生物でも、彼らが集まると、それ自体が脳のような、あるいは都市のようなネットワークを作っているのです。微生物集団にも「社会」があると直感的に思いました。

微生物が一匹狼のように我関せずで生きるのではなく、個体同士で集まり、膜を形成することは、少なくとも20世紀前半には知られていました。1975年にアメリカで発表された論文で、その膜に初めてバイオフィルムという名前がつけられました。

微生物単体を肉眼で見ることはできませんが、バイオフィルムなら日常生活のいたるところで目にすることができます。お風呂の排水口、花瓶の内壁にはバイオフィルムが形成されています。そう、あのヌメヌメです。私の歯にもついている歯垢《しこう》や腸内細菌もバイオフィルムです。それどころか地球上の微生物の8割以上は、バイオフィルムとして存在しているといわれています。1個でフラフラと浮遊している微生物のほうがまれなのです。

ご存じのとおり、排水口のヌメリにしろ、歯垢にしろ、何度もブラシでこすらないとなかなか取り除けません。それはバイオフィルムが独特の強さを発揮するからです。

医療分野で、この強さが特に問題になります。バイオフィルムのせいで薬の効き目が落ちたり、薬に対する耐性を持ったり、医療施設の器具を汚染して院内感染の発生源になったりするからです。食品工場や浄水場でも同様の問題があります。したがって、バイオフィルムに関する研究は分野を問わず盛んでした。

ところが、こと観察に関しては、長いあいだ、微生物集団から特定の微生物を分離、培養して観察するくらいしか方法がなかったのです。そこで当時、独自の観察方法とデータの解析技術を開発したのが、私に「面白いものが見えますよ」と声をかけた大学院生です。それによって初めて微生物集団の姿を高精度に観察することが可能になったのです。バイオフィルムという名前から薄い膜を想像しがちですが、その実体は3次元的な広がりを持つ複雑な構造物であるということがはっきりわかりました（XVIページの口絵㉔）。

それまで私の研究室では、微生物の遺伝子解析に取り組んでいました。化学処理を施して微生物の細胞を壊す必要があります。しかし、微生物集団の社会を目のあたりにした後、遺伝子解析に加えて力を入れるようになったのは、最先端の顕微鏡を用いて「生きたまま」微生物の集団を観察することです。

『ファーブル昆虫記』のアンリ・ファーブル先生は自然界の昆虫を観察し、詳細に記録しました。みなさんも小学生のときに、アサガオやヒマワリの種を植えて、どう芽が出て、花が咲くかを観察した経験があると思います。ファーブル先生や、みなさんが小学生のときに、昆虫や植物に対して行ったことを、微生物に対して行うわけです。

微生物集団のありのままの姿を詳細に観察することで、さまざまなことがわかってきました。そのひとつは、周囲の環境に合わせて、バイオフィルムの形状が劇的に変わるということです。たとえば緑膿菌は、周囲に栄養が不足している環境では、細長い空洞のような構造や、マッシュルームのような構造を持つバイオフィルムを作ります。一方、栄養が十分にある環境では絨毯のような構造を持つバイオフィルムを作る。前者のバイオフィルムの細長い空洞は一種のトンネルで、バイオフィルム内の物質循環に、そしてマッシュルーム構造は流れこんできた栄養源の取りこみに役立っていると考えられます。後者のバイオフィルムでのっぺりした絨毯構造ができるのは、環境中に栄養源がたっぷりあるので、わざわざ複雑な構造を作りあげる必要がないからでしょう。

バイオフィルムの骨組みを作っているのは、細胞外マトリクスと呼ばれる物質です。細胞外マトリクスがバイオフィルムと排水口、花瓶、歯などの表面をしっかり接着させているから、ブラシでごしごしこすってもなかなかヌメヌメを取り除けないのです。

単細胞生物にも高度なコミュニケーションがあった

バイオフィルムの中で微生物たちが、場所ごとに異なる遺伝子を発現していることもわかっていました。これは同じ微生物でも、バイオフィルムのどこにいるかによって異なる役割分担を持っていることを意味します。

バイオフィルムを取り囲む環境が変わる、たとえば酸素濃度が変わる、温度が変わる、抗生物質にさらされるなどすると、バイオフィルムの構造が変わり、微生物それぞれの遺伝子発現も変わります。バイオフィルムの形状や機能をダイナミックに変え、集団の力で環境の変化に適応しようとしているのです。

それでは場所ごとの役割分担は、どのように決まっているのでしょうか。人間なら誰が何を引き受けるのかを話し合いで決めますが、微生物も同じです。といっても発声器官を持っていない微生物が実際に使うのは化学物質です。化学物質を〝言葉〟として微生物同士でやりとりをするわけです。ここではこれを会話物質と呼ぶことにしましょう。

たとえば、われわれの体に感染した病原菌は、数が一定数以上に増えないと毒素を出しません。数が少ないときに攻撃しても、免疫の防御を突破できないからです。そこで仲間がある程度増え、閾値《いきち》を超えたところで「今だ！」とばかりに毒素を出す。病原菌たちは同調して一斉攻撃をしかけるわけです。仲間の数が閾値を超えたかどうかは、会話物質の濃度を病原菌同士で感知すればわかります。この仕組みをクオラムセンシングと言います。クオラムとは議会で議決に必要な定数のことです。

クオラムセンシングは、発光する能力を持つ海洋微生物が一定数増えるまで発光しない現象として、1970年にアメリカの研究者らによって最初に報告されました。しかし、クオラムセンシングにかかわる会話物質の実体や機能の解明が進んだのは2000年代以降です。

風邪をひいたときなどに病院で処方される抗生物質（病原菌を殺したり、病原菌の数が増えないようにしたりするなどの作用を持つ）は、実は会話物質の一種でもあることが明らかになっています。微生物たちが、殺菌作用を持つ化学物質で〝会話〟を交わしているのは意外に思われるかもしれません。

会話の手段か、殺菌手段かを決めるのは濃度です。濃度が低ければ会話の手段として、逆に高ければ殺菌作用を持ちます。人間が使う言葉にも、心を傷つける場合と励ます場合があります。化学物質の場合も、同じ種類のものが正反対の作用を持つことがあるのです。

会話物質は素早く周囲の微生物に情報を伝えられる「短い分子」（専門的には短鎖アシル化ホモセリンラクトン類と呼ばれます）と、遠くの微生物との会話に使われる「長い分子」（長鎖アシル化ホモセリンラクトン類）に大まかに分けることができます。

短い分子が水に溶けやすく、すぐに周囲に拡散するのに対して、長い分子は水に溶けず、そのままでは情報伝達に使えません。驚くことに微生物は、長い分子を膜に包んで遠くの微生物に届けています。このカプセルのような微小粒子（大きさは数十から数百ナノメートル）をメンブレンベシクルと言います。メンブレンは膜、ベシクルは小さな袋（小胞）を意味します。その存在は1960年代から知られていました。

メンブレンベシクルはさまざまな機能を果たします。たとえば異変をいち早く察知した個体が、遠くの個体に向けて、メンブレンベシクルを放出し、バイオフィルムの形状を変えて備えるべしという指令を出します。あるいは同じ栄養源を奪い合うような近縁種を殺す毒素を送りこみます（この場合、メンブレンベシクルが運ぶのは会話物質ではなく武器です）。

人間も近くにいる人に何かメッセージを伝えたい場合は、声を出すなどして会話しますが、県外とか国外にいる人に連絡をとりたいときに大声を出しても仕方ありません。その場合は、電話をするとかメールを出すなど別の手段を使います。その意味で、短い分子が「声」だとしたら、長い分子は「手紙」、メンブレンベシクルは手紙を収める「封筒」と言えるでしょうか。単細胞生物である微生物が、このような高度なコミュニケーションツールを持っていることは驚くべきことです。

あらゆる細菌がメンブレンベシクルを出します。私たちの体にいる腸内細菌も例外ではありません。腸内細菌が出すメンブレンベシクルは血流に乗って運ばれ、人体にさまざまな影響をおよぼしている可能性もあります。

乳酸菌などの腸内細菌入りの食品が製品化されていますが、体外から入ってきた細菌は免疫系の攻撃を受けるので、実際に生きたまま腸まで到達することはないでしょう。それでも腸内細菌入りの食品は、健康に役立っていることが報告されています。その鍵を握っているのはメンブレンベシクルかもしれません。外部からの細菌が腸まで届かなくても、メンブレンベシクルを介して、人体に働きかけている可能性があるからです。

ところで、微生物レベルでの遠隔通信の担い手であるメンブレンベシクルは、どのように作られるのでしょうか。メンブレンベシクルの機能の解明が進む一方、その形成過程は長いあいだ、よくわかっていませんでした。

私たちの研究グループはこの謎の解明に挑み、2016年に驚くべき発見にいたりました。最先端の顕微鏡を使い、緑膿菌がどのようにメンブレンベシクルを作っているかを画像解析したところ、なんと微生物が破裂し、次いで細胞膜の一部がくるりと丸まって、会話物質や自らのDNAの断片などを包みこんでいることがわかったのです。破裂した個体はもちろん死んでしまいます。

なぜメンブレンベシクルを作るのに微生物が自ら命を犠牲にしているのか。その理由はまだ明らかではありませんが、この決死の行動が、微生物集団の維持や環境適応に役立っているのはたしかです。

ヒントは、メンブレンベシクルに含まれるＤＮＡ断片にあると私は考えています。もしそのＤＮＡ断片が、別の微生物のＤＮＡに組みこまれるなどすれば、自分の遺伝子を引き継ぎ、保存することができるわけです。

ただし今のところ、メンブレンベシクルに含まれる会話物質が、他の微生物に受け渡されることまでは証明されていますが、ＤＮＡ断片が受け入れ側のＤＮＡに組みこまれるのかはわかっていません。私の研究室も含めて、世界中で検証中という段階です。

異なる微生物間にまで共通言語があるから強靱

さて、ここまで同種の微生物のバイオフィルムや会話物質について述べてきましたが、実は異種の微生物が集団を構成し、バイオフィルムを形成することもあります。近年の研究でわかってきたのは、異種の微生物間でもまた、会話物質をやりとりしてメッセージを伝え合っているということです。

そこで使われる会話物質は、人間界で言えば、英語やスペイン語などの共通言語のようなものと言えます。会話物質には、同種間でしか利用されないものもあれば、異種間でも普遍的に使えるものもあるのです。面白いのは、その共通言語的な会話物質は、ゲノムレベルで言えばヒトとイヌほど離れた微生物同士でも使われていることです。微生物界は、人間界以上にグローバル化が進んでいるのかもしれません。

異種の微生物が共通言語でやりとりし、バイオフィルムまで一緒に形成できることも、彼らの強靱さの理由のひとつです。

微生物界には、前に述べた、石油を分解できる能力を持つもの、鉄など金属を食べるものもいます。多彩な能力を持つ微生物が集団を作り、適材適所で力を発揮すれば、環境変化にうまく適応できます。実際、バイオフィルムを調べると、酸素が豊富にある外側には酸素が好きな好気性細菌が、酸素が足りない中心部に近いところには酸素が嫌いな嫌気性細菌がいます。それぞれの機能に見合った集団形態をとっているのです。

遺伝子操作により、微生物が会話物質を作れなくすると、バイオフィルムの形状が変わります。通常のバイオフィルムがマッシュルーム状などの複雑な構造を持つのに対して、コミュニケーションツールを奪われた微生物集団が作るバイオフィルムは、薄くのっぺりとした絨毯状です。それは一見、栄養のある場所にいる絨毯状のバイオフィルムのようですが、こちらはブラシでちょっと力を加えてこするとペロッと剝がれてしまいます。まるで烏合の衆です。興味深いことに、どちらのバイオフィルムも、ほぼ同じ数の微生物を含みます。数は同じなのに、強さが異なる。コミュニケーションの豊かさが集団の強さを左右するのは、微生物のバイオフィルムも人間の組織も同じなのです。

ただし、同じバイオフィルムに属する微生物がコミュニケーションをとっているからといって、すべての個体が協力しているわけではありません。先ほど、微生物がクオラムセンシングで同調し、一斉に行動を起こすと述べましたが、実は自然に突然変異が発生するため、同調しない微生物も生まれます。そこで99・9％の微生物は同調するのですが、0・1％ほど同調せず、サボる。0・1％といっても、全体が1億、10億個の集団の0・1％なので数万、数千個の「困ったチャン」です。

面白いのは、そういう困ったチャンが集団から排除されないことです。そこにどんな意味があるのか。今、世界中の微生物研究者が注目して研究しているところですが、私は、困ったチャンは集団行動をサボっていても、将来、環境の変化が起きたときに役に立つかもしれない、だから困ったチャンをプールしているのではないか、と考えています。

40億年を生きながらえたキーワードは「寛容性」

微生物は哺乳類、鳥類、あるいは昆虫に匹敵するような複雑な社会を築き上げています。その特徴はふたつのキーワードにまとめることができます。

ひとつ目は「多様性」です。同種の微生物が役割分担するだけでなく、異種の微生物とも会話物質を利用して情報交換し、バイオフィルムという社会を作っています。

その多様性の維持や拡大に役立っているのが、もうひとつのキーワードである「寛容性」です。先ほど述べたように、微生物は、突然変異により集団行動に同調しない困ったチャンを排除せず、その存在を許しています。その意味はまだ科学的にはっきりしているわけではないものの、同調しない個体が新たな能力を獲得し、来《きた》る環境変化にその能力が役立つ可能性があります。

多様性と寛容性を備えた社会を築き上げたからこそ、微生物は40億年を生きながらえてきたのだと、私は考えています。40億年のあいだに地球は何度も危機に見舞われました。そのたびに恐竜を筆頭として、数々の生物が絶滅しています。それでも微生物は生きのびてきた。サバイバル能力において、微生物を超える生き物はいないのです。

冒頭に述べたように、私は微生物が好きではありません。30年以上、研究をしていますが、いまだに愛着を感じることはありません。しかし、40億年前から生き続けてきた微生物は最も偉大な先生だと考えています。多様性を求められている企業は、微生物集団の寛容性からヒントを得られるかもしれません。

私も以前は研究室の学生たちに「なんでこれができないの?」と厳しく接していましたが、最近は「そういうこともあるよね」と受け止められるようになったと思います。卒業生からも「人間が丸くなった」とよく言われますが、微生物に学んだおかげでしょう。

私たち人間がガンダムで、微生物がアムロ

私は、微生物の研究を始めるまで、人間こそ最も進化した生物であると思いこんでいました。しかし、今では微生物のほうが人間よりもはるかに高度な進化を遂げていると考えています。人間を含め動物も、植物も、結局のところ今の地球環境に最も適応した生物であるのはたしかですが、気温が変わる、酸素濃度が変わるなど地球環境が変化すると、たちまち困難に陥るでしょう。

しかし、微生物はこうした変化にも対応可能な生き残り戦略を持っています。今後、もし人間が絶滅したとしても、微生物は間違いなくその後も生き残るでしょう（もっとも人間だけに寄生している微生物は絶滅するかもしれませんが、それはごくわずかです）。

私たちの腸の中に、40兆から100兆個の微生物がいるといわれます。37兆個ほどの人体の細胞を凌駕する微生物が私たちの体の中にいるのです。動物や植物もやはり相当数の微生物を体中に棲まわせています。

単に宿を貸し、栄養分を提供しているだけでなく、微生物からもさまざまな機能を提供してもらって、健康や生命活動の維持に役立てています。その意味で、あらゆる生き物は、微生物との共同体として生きているわけです。これを専門用語で「スーパーオーガニズム（超生命体）」と言います。

しかし、もしかすると微生物のほうが主で、動物や植物のほうが従なのかもしれません。たとえば虫歯菌は餌として大好物の糖質を運んでくれる人間を、利用しているとも言えるでしょう。歯に付着していれば、わざわざ自分で餌を探さなくてもいいのです。腸内細菌についても同じです。

人間を含む動物、植物の中にいる微生物の一部は、その個体が死んだ後、体外に出て土や水の中でしばらくすごした後、また別の宿主に乗り移ります。宿主は死んでも、微生物は生きながらえて循環し続けるからです。

私は子どもの頃にアニメ「機動戦士ガンダム」を見ていたガンダム世代ですが、微生物がアムロで、私たち人間はガンダムなのではないかと時々考えることがあります。微生物が私たちをコントロールしているのではないか、と。

一方で、微生物は厄介な存在です。虫歯菌もただ歯に付着しているだけならいいですが、酸を出し、歯を溶かしたり腐らせたりします。その他、種々の毒素を出して人間や人工物に悪影響をおよぼす微生物もいます。

従来、人間はこうした微生物を殺したり、その発育を抑制する薬剤によって対処しようとしてきました。しかし、微生物を根絶やしにすることは基本的にできません。それどころか耐性菌が生まれ、もっと強い薬剤で対処すると、さらに強い耐性菌が生まれるというイタチごっこを続けるハメになります。

厄介な微生物をゼロにするのではなく、彼らと共存すべきだと考えています。その鍵を握るのが会話物質です。彼らの会話を理解し、毒素を出さないようにしてもらえばいい。これを実現するには、微生物の言葉をもっと理解する必要があります。微生物との共存の道を探るべく、これからも研究を続けたいと思います。

エピローグ　異種間のネットワークはまるで3次元の系統樹

科学ジャーナリスト　緑　慎也

「私は考える（I think）」

こんな書き出しでイギリスの博物学者チャールズ・ダーウィンが枝分かれのようなスケッチを描いたのは1837年のことだ。

自然淘汰により生存に有利なものが生き残ると主張し、大論争を巻き起こした、『種の起源』を発表する1859年からさかのぼること22年前、すでにダーウィンは「すべての生物が共通祖先から分岐して誕生した」というイメージを頭に描いていたのだ。

ダーウィンに影響を受け進化論の普及に努めた、ドイツの生物学者エルンスト・ヘッケルも、生物進化の道筋を樹木の枝分かれとして描き、その図を「系統樹」と名づけた。それはダーウィンが描いた、まばらで、簡素な棒の連なりのスケッチよりも枝分かれの数が多く、ぎっしりと枝が詰まった巨樹のような系統樹だった。

生物学の進展、特に生物の進化を遺伝子レベルで調べる分子遺伝学の進展により、今日の系統樹はダーウィンやヘッケル時代のスケッチよりはるかに枝の数も分岐の数も増えている。系統樹の枝分かれの先には、ヒト、ネコ、ワシ、トカゲ、カエル、イワシ、イネ、イチョウ、シイタケ、アカパンカビ、メタン生成菌などの具体的な生物たちが並ぶ。それを見れば、ネコはワシよりもヒトに近縁であること、イネとアカパンカビが共通祖先に当たるまでに、何度も分岐したことなどがわかって面白い。

隠れたルールを解き明かすカギ

とはいえ、従来の系統樹をいくら眺めても、異なる種同士のかかわりがわからない。ある枝の先にいる種が他の枝の先にいる種と、協力し合っているのか、敵対しているのかといった関係ははっきりしないのだ。

しかし、おたがいにとってその相手がいなければ生きていけない関係であれば、異なる種の生物でも、実は一体の生物として見たくなる場合もある。

本書で紹介した、われわれの祖先アーキアと好気性細菌（159ページ）、マルカメムシと微生物（166ページ）などはその例だ。系統樹の中ではかけ離れた昆虫と植物が、第1章で紹介したように化学物質や音などを介してメッセージをやりとりし、やはりおたがいがおたがいにとってなくてはならない関係を結んでいることも、普通の系統樹を見ているだけでは把握できない。

親から子へ世代交代を重ねるたびに一定の確率で遺伝子に突然変異が入る。もともとは同じ種の集団の中から、次第に異なる特徴を持つ集団がそれまでとは異なる環境に適応し、種が分かれる。これが進化の基本的な仕組みだ。

ところで、かつてアーキアが取りこんだ好気性細菌の遺伝子の一部、あるいは原始的な真核細胞が取りこんだ光合成細菌のシアノバクテリアの遺伝子の一部は、それぞれ共生した相手の生物の設計図であるゲノムに移行している。こうして遺伝子レベルで深い共生関係を築いた好気性細菌やシアノバクテリアの名残が、今日ほぼすべての生物が細胞内に持っているミトコンドリアや、光合成を行う植物が細胞内に持っている葉緑体だ。親から子への遺伝子の伝達を垂直伝播と呼ぶのに対して、ある個体から別種の個体への遺伝子の伝達を水平伝播と言う。

われわれの祖先と好気性細菌やシアノバクテリアとの共生が始まるのは何十億年も前だが、水平伝播は決して珍しい現象ではない。微生物の世界では、今でもしばしば水平伝播が起きていると考えられている。

また約4万年前に絶滅したネアンデルタール人の遺伝子の一部は、われわれホモ・サピエンスにも交配を通じて受け継がれている。ホモ・サピエンスの遺伝子のうち数パーセントがネアンデルタール人の遺伝子に由来することを明らかにしたドイツ・マックスプランク進化人類学研究所教授のスバンテ・ペーボさんは、2022年のノーベル生理学・医学賞を受賞した。

進化を引き起こす原動力として、垂直伝播だけでなく水平伝播や別種との交配も重要な役割を果たしてきたのなら、生物進化の道筋のイメージは系統「樹」よりも系統「網」のほうが実像に近いかもしれない。枝は分岐してそのまま別々の道筋を進むこともあれば、分岐してしばらく後、枝同士が再びつながるような関係で結ばれることもあるからだ。

「ダーウィン以来の進化の系統樹を3次元にアップデートしたい」

本書のもとになった番組のメインディレクターである白川裕之さんが、番組放送の約1年前に語っていた言葉だ。このとき筆者（緑）は白川さんに、たくさんの枝を広げた樹木が中心から放射状に伸びて全体として球をなしているようなイラストを見せられた。よく見ると、伸びた枝の先が他の枝とつながりを持ち、そうして結ばれた線がネットワークを形作っている。

白川さんによれば、生物同士がつながり合いながら進化した道筋を表現した、ネットワーク版の系統樹をイメージしたという。生物たちがバラバラの存在ではなく、他の無数の生物たちと関係を持ちながら進化してきたことが筆者には伝わってきた。

ダーウィンのスケッチにしろ、現代の学校教育で教えられる系統樹にしろ、生物同士が密接にかかわり合いながら進化してきたという実態は、見えてこない。特に共生関係を結ぶことによって多様化してきた生物の進化史が十分に描かれていない。最先端科学の知見を踏まえて生物の進化史を表すには「少なくとも3次元か、4次元のビジュアルで表現するしかないのではないか」というのが白川さんの考えだった。

あるいはもっと高次元の図形が必要になるかもしれない。

数学では、2次元の平面をそれ以外の次元へ拡張した平面を、3次元平面とか4次元平面などと言い、まとめて超平面と呼ぶ。その意味で、従来の2次元で描かれた系統樹を拡張した白川さんの系統樹は、超・系統樹と言える。

本書のもとになった番組や本書のテーマである「超・進化論」も、白川さんが「私は考える」とスケッチした超・系統樹を土台のひとつとして生まれた。ダーウィンのスケッチと同じように、超・系統樹が今後、多様な生命の共存を支える糸が複雑に絡まった高次元の超平面として具現化される日が待ち遠しい。

おわりに

ＮＨＫメディア総局第2制作センター　統括プロデューサー　浅井健博

〝人間は最も進化した生き物だ〟という思いこみを捨てて、生命の星・地球を支える〝生物多様性の本当の姿〟を描きたい。世界中の誰も体感したことのない映像と、最先端の科学取材に基づく新しいコンセプトのストーリーをめざしたい。そんな、私たち制作スタッフの思いは、２０２２年11月から放送を開始し大きな反響をいただいた、ＮＨＫスペシャルの大型シリーズ「超・進化論」へとつながりました。

シリーズをご覧いただいた方々から、数多くの感想をいただきました。その声を、ここで少しご紹介しましょう。

超・進化論は「地球のクラス替え」だ！（作家　いとうせいこうさん）

「僕たちが一番上級生だと人間は思っている。隣にいるのが類人猿とかイルカとか頭のいいものだと思っている。だけど、実は本当は、クラスとしては全然違う。誰が一番の上級生なの？誰が学級委員だったの？　って。今まで僕たちは自分中心に考えてきた。でも、進化は非常に多様で、我々が持っていない能力をたくさんの生き物が持っている。このクラス替えに気づかないとダメ。今までの自分たちの考えているクラスを、ガラガラと、このシリーズは変えてくれる。変えるべきだと思う」

超・進化論は「居場所作り」だ！（美学者　伊藤亜紗さん）

「昆虫たちを見ると、本当に〝自分が居て良い場所〟を作る、探す、天才だなと感じました。幼虫という存在が生まれて、すべてのものの中に入りこむ。葉っぱの中⁉　葉っぱって裏表だけじゃないんだ！　みたいな。中があるんだ！　みたいな感じじゃないですか。そこを居場所にするってことは、そこを居場所にできる自分になるっていうこと。他の人の判断の逆を行く感じが、すごく面白いなと思いました。あれもすごく感動しました。虫が跳ぶ前のしこを踏む脚の動きとかも、たまたまこういう構造を持った生き物が、跳ぶ前には、しこを踏まなきゃいけないという、必然性が見える。それにすごく感動するのです」

超・進化論は「ジグソーパズル」だ！（生物学者　福岡伸一さん）

「ジグソーパズルを思い浮かべてください。同じ形はないけれども、組み合わさると互いに支え合いつつ、互いの形を決めています。生物は利己的にふるまっているわけでもなく、絶えず弱肉強食みたいに競争しているわけでもなくて、あらゆるところで協力している。互いに他を助け合いながら、互いに他を律している。隙間なく相互作用が組み合わさって、この豊かな自然が作られていると思ったわけです。植物が静かでおとなしくて物言わず、何にも感じてないという風に見るのは、ある種、人間の傲慢さであって、植物も非常に繊細な形で環境の情報を取り入れている。植物同士も、豊饒なカンバセーションをしている。もし植物が自分に必要なだけしか光合成をしてなければ、この地球上はこんなに豊かな星に、絶対ならなかったわけです」

番組を見て、それぞれの分野に照らし合わせて考えたり、イマジネーションをふくらませたりしていただけることほど嬉しいことはありません。

本書は、さらに超・進化論を楽しんでいただくために、番組と取材内容をベースに、ご協力いただいたトップランナーの専門家のインタビューを加えて構成しています。科学ジャーナリストの緑慎也さんと講談社の呉清美さんが、番組の企画段階から制作スタッフと一緒に内容を温めてくださいました。番組とはまた違った読後感、発見感を持っていただけると思います。

私自身、本になる前の校正ゲラを初めて読んだとき、まるで幼い頃、ダニエル・デフォーの冒険小説『ロビンソン漂流記』を手に入れて読みふけったときのようなワクワク感に満たされました。進化学や生命科学が対峙するテーマの深遠さと、そこに立ち向かう研究者の熱量のディテールが、日常とはかけ離れた異質な世界へと誘ってくれます。

さて、昨今は、さまざまな映像作品をオンデマンドで視聴できるようになりましたが、テレビは、いまだに「この番組はなぜ今なのか?」にこだわる習性があります。そして本シリーズにも、企画を前進させた「今伝えるべき理由」が3つ存在しています。それをご紹介しながら、このテーマの現代性を考えてみたいと思います。

ひとつ目は、解析技術や映像技術の進歩です。埼玉大学の豊田正嗣さんが映像化に成功した、虫にかじられた植物が全身に信号を送っている様子。豊田さん自身「鳥肌が立った」というその映像は、見る人を一気に未知の世界へと惹きこみます。

昆虫の研究でも、10台の超高速度カメラでマルハナバチの飛ぶ瞬間を捉え、3Dモデルを作り、飛翔の秘密に迫ったり、1000分の1ミリメートルまで検出できるマイクロCTスキャナーを使って、チョウのサナギの内部を時間を追って〝透視〟し、世界で初めてその様子を明らかにしたり……。特にミクロの世界を解明する技術の進歩が、今まで伝えたくても伝えきれなかった世界の可視化を可能にしました。

そして、そうした技術革新が追い風となって、生き物に関する長年の謎が次々と解き明かされていることが、今、企画を実現できた、ふたつ目の理由です。

京都大学の髙林純示さんは、取材の中で、寄生バチが寄主を見つけるのは、「広い砂浜に落とした一粒の真珠を見つけるほど難しい」と話してくださいました。髙林さんは１９８０年代からその謎に魅了され、40年以上にもわたって研究を続けてきたことが、本書で語られます。

昆虫の章でご紹介するマルハナバチの飛翔力についても謎の解明には長年の研究者たちの努力が必要でした。番組でも紹介した「マルハナバチの翅は小さすぎて、自分の体重を宙に持ち上げられるほどの揚力を生み出せない。飛べるはずがない」という謎は、１９３０年代に生まれたと言います。

さらに、微生物の章でご紹介する、がん治療に細菌を使うアイデアの始まりは、なんと、19世紀末。現在全米で行われている臨床試験は、がん治療に適した嫌気性細菌を選び出し、遺伝子操作を加えるという技術があって初めて実現しました。特に生命科学にまつわる技術の昨今の伸張が、生き物の研究を進歩させ、課題を突破することを可能にしました。研究者たちの執念が、まさに今多くの成果をもたらし始めているのです。

加えて、今伝える理由の３つ目は、人間の活動が原因である大量絶滅に歯止めがかからないという事実です。生物多様性は過去50年間で68％減少したとも言われています。過去５回、地球には大量絶滅があり、科学者らは第6の絶滅期が迫っていると警告しています。

これまでの大量絶滅は、火山の噴火や隕石衝突といった環境の激変が原因でしたが、第6の大量絶滅は、これまでと異なり、人類の存在に起因するものだと研究者らは指摘しているのです。そのことをまだ私たちは実感として受け止めきれていません。今存在する地球上の命が、どれほどの長い年月をかけて精密に作り上げられた尊いものなのかを、心底理解しなければ、地球の生物多様性を守る覚悟は生まれません。今後、何十年かにわたって、人類の課題を考え解決していく上で大切なコンセプトが、本書には秘められています。

最後になりますが、取材にご協力いただいた多くの研究者の皆様に、この場を借りて心より御礼を申し上げたいと思います。まだまだ教えていただきたいことはたくさんあります。

九州大学の丸山宗利さんのお話を要約させていただくと、アリはとても排他的で、アリの巣は非常に高い選択圧、言いかえると、アリとの生活に適した特徴を持つように進化させる力がかかる環境だ。共生が生き物の進化を促し、多様性を高める原動力になっていることは間違いない。この多様性の全貌を理解することが、私たちの専門性の役割だ、と語ってくださいました。

産業技術総合研究所の深津武馬さんは、「生物間の相利共生関係は調和的で、利他的で、美しく見えますが、実はその背後にはしばしば利害対立があり、（中略）実際には綺麗ごとではすみません」と教えてくださいました。〝競争と協力〟や〝利己と利他〟が、どんなバランスや法則のもとに、この世界がつくられてきたのか。この地球に私たちの知らない、どんな世界が広がっているのか……興味はつきません。

私たちはこれからも、その豊かな世界観と研究者の情熱を、伝え続けていきたいと思います。

2023年　2月

第1集
植物からのメッセージ～地球を彩る驚異の世界～

番組制作スタッフ

[映像提供] River Road Films /CBC
Archive Sales
Shutterstock
Douglas Clark
Wim van Egmond
[音楽] Kevin Penkin
[語り] 廣瀬智美
[声の出演] 81プロデュース

◆ドラマパート
[脚本] 兵藤るり
[技術] 佐々木喜昭
[撮影] 杉山吉克
[照明] 戒 達生
[映像技術] 豊田敦規
[美術] 阿部浩太
[演出補] 前田芳秀
[演出] 北村圭司郎

[撮影] 小迫裕之
髙橋紘介
[音声] 緒形慎一郎
[照明] 平岡翔太
[映像技術] 小松秀通
[映像デザイン] 倉田裕史
[VFX] 高畠和哉
[CG制作] 渡邉 哲
[音響効果] 東谷 尚
[編集] 荒川新太郎
[コーディネーター] 長谷川和人
Juha Laitinen
早崎宏治
Ran Levy-Yamamori
[リサーチャー] 上出麻由
李岳林
[取材] 坂元志歩
藤原英史
[ディレクター] 白川裕之
[制作統括] 浅井健博

[国際共同制作] Autentic Curiosity RAI
[取材協力] Insect Brain Detabase
京都大学芦生研究林
国立環境研究所
キヤノン
日立ハイテク
横河電機
レーザーテック
Heidi Apple
Ivan Galis
蔡晨陽
Kingsley Dixon
Mike Benton
青木 考
東 若菜
有村源一郎
池上 森
伊庭靖弘
大出高弘
亀井保博
神崎亮平
菊水健史
木下俊則
久保田 彩
小泉敬彦
塩尻かおり
杉田晶子
田野井慶太朗
土屋雄一朗
東原和成
松井健二
松井 求
真鍋 真
三上智之
三村徹郎
別役重之
矢野修一
山内靖雄
山尾 僚
山田明義
米谷衣代

第2集
愛しき昆虫たち ～最強の適応力～

番組制作スタッフ

［国際共同制作］ Autentic Curiosity RAI
［取材協力］ 足立区都市農業公園
国立科学博物館
都立赤塚公園
鶴岡市
ノビテック
ふじのくに地球環境史ミュージアム
島田 拓
並木重宏
平井文彦
法師人 響
野村周平
岸本年郎
西田治文
大出高弘
今田弓女
大島康紀
三上智之
松井 求
［データ提供］ JMC
［映像提供］ BBC Motion Gallery/
Getty Images
CMSFILMS/
Wolfgang Thaler
Shutterstock
［画像提供］ むし社
久力悠加
［音楽］ Kevin Penkin
［語り］ 廣瀬智美
［声の出演］ 81プロデュース
◆ドラマパート
［脚本］ 車谷知恩
［技術］ 佐々木喜昭
［撮影］ 杉山吉克
［照明］ 戒 達生
［映像技術］ 豊田敦規
［美術］ 阿部浩太
［演出補］ 前田芳秀
［演出］ 松村亮一

［撮影］ 齋藤悠平
［音声］ 横山圭介
［照明］ 水浪朋洋
八鍬健太郎
［映像技術］ 舞出清和
［映像デザイン］ 倉田裕史
［VFX］ 高畠和哉
［CG制作］ 佐々木玲奈
［音響効果］ 東本佐保
［編集］ 森本光則
［コーディネーター］ 藤山華津馬
摩耶フレミング
［リサーチャー］ 上出麻由
早崎宏治
［取材］ 坂元志歩
［ディレクター］ 水沼真澄
［プロデューサー］ 伊豆 浩
［制作統括］ 足立泰啓
浅井健博

第3集
すべては微生物から始まった ～見えないスーパーパワー

番組制作スタッフ

［映像提供］ CDC
NIH
NIAID
NASA
The National Eye Institute
Howard C. Berg
Shutterstock
アフロ
桜映画社
千葉大学真菌医学研究センター
［音楽］ Kevin Penkin
［語り］ 廣瀬智美
［声の出演］ 81プロデュース

◆ドラマパート
［脚本］ 市之瀬浩子
［技術］ 佐々木喜昭
［撮影］ 杉山吉克
［照明］ 岡元昌弘
［映像技術］ 黒澤 智
［映像デザイン］ 阿部浩太
［演出補］ 前田芳秀
［演出］ 北村圭司郎

［撮影］ 髙橋紘介
渡邊雅己
［音声］ 緒形慎一郎
［照明］ 平岡翔太
［映像技術］ 鈴木 歩
［映像デザイン］ 倉田裕史
［VFX］ 高畠和哉
［CG制作］ 番井みさ子
［音響効果］ 東本佐保
［編集］ 荒川新太郎
［コーディネーター］ 早崎宏治
Adam Vackar
船戸睦美
箕輪洋一
［取材］ 坂元志歩
鷲塚淑子
［ディレクター］ 小山佑介
［制作統括］ 足立泰啓
浅井健博

［国際共同制作］ Autentic Curiosity RAI
［取材協力］ 海洋研究開発機構
国立感染症研究所
酒類総合研究所
製品評価技術基盤機構
日立ハイテク
ヤクルト中央研究所
石井 優
大久保範聡
大隅正子
小笠原渉
加藤 薫
川崎信治
見理 剛
甲賀大輔
小長谷達郎
小八重善裕
佐原 健
泉福英信
高井 研
高島康弘
竹下典男
田代陽介
田中尚人
谷口俊一郎
出来尾格
冨田秀太
豊福雅典
中台枝里子
中根大介
中村修一
中村太郎
鳴海一成
西田治文
西村 智
野村暢彦
芳賀 永
早川昌志
福田真嗣
松井 求
丸山史人
三上智之
宮田真衣
宮田真人
宮脇敦史
森山 実
山本達也
渡邊壮一

生きもの〝超・進化論〟ワールド ～キッズ&ティーンズ特別編～

番組制作スタッフ

［映像提供］ River Road Films / CBC Archive Sales
Shutterstock
［音楽］ Kevin Penkin
［語り］ 廣瀬智美

◆ドラマパート
［脚本］ 兵藤るり
［技術］ 佐々木喜昭
［撮影］ 杉山吉克
［照明］ 岡元昌弘
［映像技術］ 黒澤 智
［美術］ 阿部浩太
［演出補］ 前田芳秀
［演出］ 松村亮一

［撮影］ 青木宗大
［音声］ 横山圭介
［照明］ 小林洵也
［映像技術］ 岡村優輝
［美術］ 倉田裕史
［VFX］ 高畠和哉
［CG制作］ 佐々木玲奈
［音響効果］ 東谷 尚
［編集］ 森本光則
［アニメーション］ qmotri
名取祐一郎
福井藍
［リサーチャー］ 坂元志歩
［取材］ 藤原英史
古川千尋
［ディレクター］ 芥川美緒
［プロデューサー］ 阿久津哲雄
［制作統括］ 白川裕之
浅井健博

［取材協力］ 鬼無里観光振興会
横河電機
市野隆雄
大河原恭祐
熊井 健
小松 貴
近藤倫生
櫻澤裕樹
塩尻かおり
平 修
髙林純示
松下範久
森山 実
山田明義
吉永直子
別役重之
高嶋清明
平井文彦
法師人 響

書籍化スタッフ

[取材・執筆]

■ プロローグ

白川裕之　NHKスペシャル
「超・進化論」ディレクター・制作統括

■ 第1章・第2章・第3章

白川裕之　第1章／NHK クリエイターセンター
チーフ・プロデューサー

水沼真澄　第2章／NHKエンタープライズ 自然科学部
エグゼクティブ・プロデューサー

小山佑介　第3章／NHK クリエイターセンター
ディレクター

緑 慎也　科学ジャーナリスト

■ エピローグ

緑 慎也　科学ジャーナリスト

■ おわりに

浅井健博　NHK メディア総局第2制作センター
統括プロデューサー

[通訳・コーディネーター]　上出麻由

[制作協力]　兵藤 香　NHKエンタープライズ ライセンス事業部
シニア・プロデューサー

[画像加工]　山口隆司　講談社写真部

超《ちょう》・進化論《しんかろん》

生命《せいめい》40億年《おくねん》 地球《ちきゅう》のルールに迫《せま》る

2023年 3月6日　第1刷発行
2024年 5月7日　第2刷発行

著　者　NHK《エヌエイチケイ》スペシャル取材班《しゅざいはん》+緑慎也《みどりしんや》

発行者　森田浩章

発行所　株式会社 講談社
〒112-8001
東京都文京区音羽2-12-21
電話　編集 03-5395-3522
　　　販売 03-5395-4415
　　　業務 03-5395-3615

造本装幀　岡 孝治＋森 繭
印刷所　株式会社 新藤慶昌堂
製本所　株式会社 国宝社

ISBN978-4-06-528351-6

KODANSHA